中国公共厕所
标准化体系建设与发展报告

中国城市环境卫生协会　主编

中国建筑工业出版社

图书在版编目（CIP）数据

中国公共厕所标准化体系建设与发展报告 / 中国城市环境卫生协会主编 . —北京：中国建筑工业出版社，2023.1

ISBN 978-7-112-28259-3

Ⅰ. ①中… Ⅱ. ①中… Ⅲ. ①公共厕所—建筑设计—研究报告—中国 Ⅳ. ①TU998.9

中国版本图书馆 CIP 数据核字（2022）第 240605 号

责任编辑：陈夕涛 徐昌强 李 东
责任校对：党 蕾

中国公共厕所标准化体系建设与发展报告
中国城市环境卫生协会 主编

*

中国建筑工业出版社出版、发行（北京海淀三里河路 9 号）
各地新华书店、建筑书店经销
华之逸品书装设计制版
北京中科印刷有限公司印刷

*

开本：787 毫米×1092 毫米 1/16 印张：10½ 字数：172 千字
2023 年 3 月第一版 2023 年 3 月第一次印刷
定价：**68.00** 元
ISBN 978-7-112-28259-3
（40623）

本书编委会

图方便（苏州）环保科技有限公司

青岛新田野网络科技（集团）有限公司

北京爱贝空间科技有限公司

宜兴艾科森生态环卫设备有限公司

万诺环境工程技术（北京）有限公司

三志明环保科技有限公司

深圳市凯卫仕厕所文化研究院

成都香阁里科技有限公司

王博纳米智慧厕所革新技术有限公司

中云汇（成都）物联科技有限公司

南京国荣环保科技有限公司

江苏保力装配式住宅工业有限公司

序

习近平总书记在二十大报告中提出要坚持以人民为中心的发展思想，不断增进民生福祉，提高人民生活品质。公共厕所是社会生活所需基础设施的必要组成部分，为人们生活、满足生理功能需要提供方便。随着中国特色社会主义进入新时代，我国社会主要矛盾已经转化为人民日益增长的美好生活需要和不平衡不充分的发展之间的矛盾。在这种背景下，公众对公共厕所的需求已不仅仅局限于如厕功能，安全卫生、方便舒适、设施完备已成为人们对公共厕所的新要求，也是高质量生活的新起点。此外，公共厕所的精细管理对于疫情防控、节能减排、绿色低碳发展等也发挥着重要作用。

2015年以来，全国积极响应习近平总书记关于坚持不懈地推进"厕所革命"的指示，无论是在城市还是在农村，无论是旅游区还是医院、学校、高速公路等不同场所，公共厕所的建设都取得了巨大进步。城市公共厕所进行了全面的升级改造，无障碍设施和第三卫生间成为越来越多公共厕所的"标配"，对于提高城市公共服务水平具有重要意义；农村公共厕所也开始得到重视，国务院相关部门也出台了专门针对农村公共厕所建设和管理的政策文件，补齐农村人居环境改善的短板，助力美丽乡村建设。此外，学校"厕所革命"从学生的卫生习惯抓起，保障学生身心健康。医院"厕所革命"处处体现人文关怀，提高医院的服务意识，杜绝疾病传播。

公共厕所建设尽管取得了积极进展，但是还存在布局不合理、管护不到位、质量参差不齐、标准不完善等突出问题。构建公共厕所标准化体系对于公共厕所的建设管理具有重要的指导意义。中国城市环境卫生协会公厕建设管理专业委员会组织国内公共厕所建设和管理领域的有关专家，历时一年，对公共厕所标准化进行研究，编写了《中国公共厕所标准化体系建设与发展报告》。通过公共厕所标准的梳理和标准化体系的构建，可以帮助厕所行业管理者和从业者发现问题，找准未来的工作方向和重心，不断提升公共厕所规划、设计、建设、管理运维水平。

在2022年"世界厕所日"来临之际，相信本书的出版可以为公共厕所产业的健康发展"添砖加瓦"，助力"厕所革命"再上新台阶，为人民生活品质的提升贡献一份力量。

2022年11月

公共厕所是文明社会的必需品，也是衡量一个地区经济发展、文明程度、市政管理和服务水平的重要标志。自新中国成立以来，我国公共厕所的数量不断增加，质量不断提升，但是公共厕所建设和管理水平参差不齐，特别是不同地域、不同领域之间存在的差距更大。面对人民对于美好生活的向往和期待，亟须加快公共厕所建设的标准化、规范化，从顶层设计、制定标准抓起，形成满足卫生、安全、舒适、环保要求的公共厕所建设和运维管护体系，为新时代的公共厕所建设、运行和管理提供支持。

2021年12月，国家标准委、中央网信办、科技部等10部门联合发布了《"十四五"推动高质量发展的国家标准体系建设规划》，对高质量发展国家标准体系建设规划作出了要求。回顾我国公共厕所的标准化建设，虽然起步较晚，从无到有的发展对于公共厕所的建设和管理质量、水平提升起到了重要的推进和提高作用。近20年间，公共厕所标准建设越来越受到重视，一批国家标准、行业标准、地方标准、团体标准、企业标准应运而生。然而，标准体系的建设是一个系统工程，涉及公共厕所规划、设计、建设、管理、运维等方方面面，需要考虑其完整性、协调性、前瞻性。因此，梳理公共厕所标准化建设现状，找出存在的问题，提出具有前瞻性的公共厕所标准体系建设的建议，对促进我国公共厕所标准体系的发展和进一步完善意义重大。

本书是在中国城市环境卫生协会公共厕所建设管理专委会的组织协

调下，邀请国内公共厕所建设和管理领域的知名专家集体完成的。本书成稿后，收到了国内许多专家的审阅意见，审稿专家包括黄瑾、余池明、杨振波、周律、丁京涛、周雪飞、夏训峰、王昶、潘力军、郑向群、吴德礼、田小兵、林大元、尹强、陶勇、黄志光、刘洪波、梁骥、陶勇、史东晓、夏明、严勃、张力等，这为本书的质量提升和不断完善提供了巨大的帮助。在撰写过程中，北京科技大学编写小组的研究生李新颖、吕亚萍、赵美娟、郭少敏也积极参与了文献检索、资料梳理、文字编撰等工作。本书对于完善和提高公共厕所标准的体系构建，充分发挥标准在公共厕所高水平规划、设计、建设、管理、运维等方面的作用具有重要意义。

目 录

下　篇

上篇

1 绪言

厕所是人类需求的基本卫生设施，区别于露天如厕或随地大小便，一般指由人类建造专供人类进行生理排泄和储存（处理）排泄物的地方。

公共厕所是指对公众开放的厕所。公共厕所可方便人们生活、满足生理功能需要，是收集、贮存和初步处理粪便的主要场所和设施。公共厕所有多种分类，根据可移动性可以分为固定式公共厕所、移动式公共厕所，固定式公共厕所又可以分为独立式和附建式；根据使用人群和应用区域可以分为城市公共厕所、农村公共厕所；根据行业可以分为旅游厕所、医院厕所、学校厕所等；根据冲厕方式可以分为水冲式公共厕所（包括常规水冲式、循环水冲式、微水冲式）、无水冲式公共厕所等。根据公共厕所所处场所，还有其他不同的公共厕所类型，如道路服务区公共厕所，公众集会临时公共厕所，自然灾害发生地区的应急公共厕所，汽车、火车、飞机、轮船等交通工具上的公共厕所。

城市公共厕所是城市基础设施的必要组成部分，城市公共厕所虽然没有明确的定义，但是一般指供城市居民和流动人口共同使用的厕所，包括公共建筑（如车站、医院、影院、展览馆、办公楼等）附设的厕所。

根据《农村公共厕所建设与管理规范》GB/T 38353—2019的定义，农村公共厕所是指在农村地区公共场所供公众使用的厕所，包括农村活动中心、集镇、农家院、农村景点等主要为本地和外来人口服务的厕所。

根据《旅游厕所质量等级的划分与评定》GB/T 18973—2016定义，旅游厕所是指旅游景区、旅游线路沿线、交通集散点、乡村旅游点、旅游餐馆、旅游娱乐场所、旅游街区等旅游活动场所的主要为旅游者服务的公共厕所。

近年来，随着生活水平的提高，国家对生态文明建设、人居环境改善提出了更高的要求，公共厕所已经不能仅具有如厕功能，还要兼具卫生、舒适、安全、便捷、设施完备、生态环保等特征。同时，标准对经济社会发展具有基础性、战略性和引领性作用，使用高质量标准是中国公共厕所行业高质量发展的重要途径。2015年，国务院对标准化工作提出了改革要求；2021年，国家标准化管理委员会也提出了要大力推动实施标准化战略，持续深化标准化工作改革，大力推进标准制度型开放，加快构建推动高质量发展的标准体系，充分发挥标准化在国家治理体系和治理能力现代化建设中的基础性、战略性作用。

根据《中华人民共和国标准化法》，标准根据级别分为国家标准、行业标准、地方标准、团体标准、企业标准五大类。国家标准又分为强制性国家标准和推荐性国家标准。强制性国家标准是为保障人身健康和生命财产安全、国家安全、生态环境安全以及满足经济社会管理基本需要而制定的；推荐性国家标准是额外满足基础通用、与强制性国家标准配套、对各有关行业起引领作用等而制定的。行业标准是没有推荐性国家标准、需要在全国某个行业范围内统一的技术要求。地方标准是由地方（省、自治区、直辖市）标准化主管机构或专业主管部门批准、发布，在某一地区范围内统一的标准。团体标准是由团体按照团体确立的标准制定程序自主制定发布，由社会自愿采用的标准。企业标准是在企业范围内需要协调、统一的技术要求、管理要求、工作要求所制定的标准，是企业组织生产、经营活动的依据。我国公共厕所的标准建设始于1987年，相继从国家到地方，从政府到行业协会、企业，发布了一系列国家标准、地方标准、行业标准、团体标准、企业标准，覆盖公共厕所的蹲位数量、使用面积、图形符号标志等方面。

本书对我国公共厕所的发展及技术现状进行了分析，梳理了公共厕所相关标准与规范，提出了公共厕所标准化体系的构建思路以及组织实施的建议。

2 我国公共厕所的发展现状分析

公共厕所作为社会的一种文化符号，在一定程度上反映了国民素质、政府的管理能力以及经济发展水平，也是全方位城市设计中的重要一环（Wald，2003）。联合国的第三个世界厕所日（2015年）就以"发掘公共厕所历史，弘扬公共厕所文化"为主题，足见公共厕所在社会文化发展中的重要作用。随着我国社会经济、科学技术的发展以及人们对生活品质的追求不断提高，公共厕所也在不断变革与发展。

2.1 厕所革命的发展阶段

新中国成立以来，曾在不同时期自上而下地进行过一系列厕所改良实践，笔者将其称为"厕所革命"。回顾我国"公共厕所革命"的发展历程，可以归纳为五个阶段。

1.第一阶段：新中国成立至20世纪70年代

1949年新中国成立后，处于经济恢复和社会建设时期，各项建设步入正轨，在一些大城市市区开始着手建设公共厕所，由政府提供相应的服务，公共厕所开始纳入城市建设规划。这一时期，一些城市根据实际情况建设了一定数量的厕所。

20世纪50年代，各地开展以除"四害"（苍蝇、蚊子、麻雀和老鼠）为中心的"爱国卫生运动"（刘宝林，2019）；同时，也进行了清除垃圾粪便、修建和改良厕所等工作。随着"爱国卫生运动"的深入开展，在农村形成了"两管五改"的主要形式。"两管"是管水、管粪，"五改"是改厨房、改水井、改厕所、改畜圈和改善卫生环境（付彦芬，2019；刘宝林，2019）。这一时期可以称为是我国的第一次"厕所革命"，在那时改厕是中国各地的"重要民生工程"。

这一阶段，通过实施改厕活动取缔了城市原有的露天公共厕所，建成了传统的旱厕。这类公共厕所由政府投资建设和管理，大部分都是独立式公共厕所，设施简陋，主要的运行管理工作是人工清除粪污。全国著名的劳动模范、第三届全国人大代表时传祥就是当时厕所清洁工的代表，他每天要背近百桶百十斤重的粪桶，以"宁肯一人脏，换来万户净"的崇高精神，受到了党和人民的高度赞扬。

2.第二阶段：20世纪70年代后期至80年代末期

20世纪80年代，迎着改革开放的浪潮，中国政府积极响应联合国提出的"国际饮水与环境卫生十年"号召，利用世界银行信贷开展了中国农村供水与环境卫生的系列项目，通过推动改水、改厕、健康教育"三位一体"的模式，项目区基本实现了城市地区和农村地区的学校、医院等公共空间水冲厕所的应用。这一阶段可以称为中国的第二次"厕所革命"，旨在从卫生防病角度入手，以改变厕所"数量少、环境差"的现状。1988年，上海三联书店出版了经济学家朱嘉明编写的《中国：需要厕所革命》，这是中国最早明确提出"厕所革命"的正式出版物。但是，当时的编写背景是编者考察了国外厕所后，将国外堆肥厕所在北京紫竹院公园进行试点，还没有上升到大规模的改厕行动上来。

这一阶段的公共厕所在冲洗方式上，逐步用水冲和机械抽运取代旱厕，在建筑形式上出现了与其他建筑合并建设的附建式公共厕所。公共厕所的建设投资和管理还是以政府为主导，部分城市公共厕所开始收费以缓解城市公共厕所建设管理资金短缺的问题，一些企业主，如商场经营者，为了吸引更多顾客，也开始增设公共厕所设施，不过数量比较少。

3.第三阶段：20世纪90年代

20世纪90年代，中央将农村改厕工作纳入了《中国儿童发展规划纲要》和《关于卫生改革与发展的决定》，要求不断提高农村地区的厕所质量，完善公共厕所的配套设施。同时，中国公共媒体上首次出现了"公厕革命"的讨论。1994年4月，由娄晓琪牵头的首都文明工程课题组，连续在《北京日报》发表《北京的公厕亟须一场革命》《步履艰难的公厕革命》《公厕革命的出路何在？》等评论文章，提出要开展全民动员的公厕革命。同时，城市公厕也开始转向标准化和规范化，建设部颁布了《城市公共厕所规划和设计标准》CJJ 14—1987、《城市环境卫生设施设置标准》CJJ 27—1989等标准，我国城市公共厕所的建设、设计和管理有了规范依据，例如，"城镇公共厕所一般按常住人口2 500～3 000人设置一座""城市公共厕所的建筑面积应满足每千人10～12m²"等。在厕具清洁方式上，水冲式公共厕所的建设得到快速发展。在建筑形式上，独立式公共厕所设计成具有鲜明个性的建筑小品，成为与城市市容相和谐的一个建筑符号，附建式公共厕所也大量开放使用。由于一些大型的室外文娱活动、体育赛事增加，移动式公共厕所应运而生。

这一时期，公共厕所建设正式被纳入城市建设的规划中，政府依然是公共厕所投资和管理的主体，但也涌现出了企业和私人投资管理的公共厕所。这部分非政府投资管理的公共厕所运维模式，对城市公共厕所数量和布局都起到了非常重要的补充作用，有的地区甚至在数量和质量标准上超过了政府投资建设管理的公共厕所。

4.第四阶段：21世纪初至党的十八大之前

这一阶段为了提升公共厕所数量，针对城市公共厕所选址困难、城市地下空间开发、缺水困境和粪便处理难等问题，出现了移动式公共厕所、地下公共厕所、中水回用公共厕所等类型。这一阶段也可称为第四次"厕所革命"。图1和图2展示了21世纪的部分公共厕所外观设计。对于经济较为发达的城市，开始对

图1　21世纪公共厕所（1）

老旧公房等住宅区域进行公共厕所改造，提高公共厕所的卫生质量。同时，公共厕所也开始注重智能化、人性化设计。

图2　21世纪公共厕所（2）

5.第五阶段：党的十八大至今

党的十八大以来，在习近平总书记的倡导下，全国城乡掀起了新一轮"厕所革命"的热潮。2015年4月，习近平总书记就"厕所革命"作出重要批示，强调"要像反对'四风'一样，下决心整治旅游不文明的各种顽疾陋习"，力图让全国人民享有良好的卫生设施。3个多月后，习近平总书记在吉林延边考察调研时强调，要求将"厕所革命"推广到广大农村地区，让农村群众用上卫生的厕所。2017年11月，习近平总书记再次就旅游系统推进"厕所革命"工作取得的成效作出重要指示，不但景区、城市要抓，农村也要抓，把"厕所革命"作为乡村振兴战略的一项具体工作来推进，努力补齐这块影响群众生活品质的短板。2021年7月，习近平总书记对深入推进农村厕所革命作出重要指示，要求"十四五"时期要继续把农村厕所革命作为乡村振兴的一项重要工作，发挥农民主体作用，注重因地制宜、科学引导，坚持数量服从质量、进度服从实效，求好不求快，坚决反对劳民伤财、搞形式摆样子，扎扎实实向前推进。

在这个阶段，旅游业的发展也直接推动了"旅游厕所革命"；农村"厕所革命"被纳入乡村振兴战略，成为农村人居环境建设的重要内容；城市公共厕所建设也向着功能更完善、设置更合理、服务更人性化的方向不断进步。

新时代的"厕所革命"是强调物质、能量系统、污染物处理、污水回用的闭路循环，将厕所污染物的收集、贮存、运输、处理、处置等过程视为生态链工程，不仅要加强如厕的舒适性、便捷性、实用性以及愉悦性，还要注重污水循环、粪便无害化资源化利用，面向生态环保、卫生健康、乡村建设、文明进步、可持续发展等多重目标。"厕所革命"不仅仅是技术方面的革新，还包括社会接受度、经济负担能力、维护管理方便程度、性别考虑、人性化设计等多方面（Cheng 等，2018）。

2.2 公共厕所的建设历程

2.2.1 城市公共厕所

城市公共厕所是公共厕所中占有比例最大的一种，是城市保障公民享有卫生设施的权利和在公共场所自由通行的必要基础设施（Moreira 等，2021），清洁卫生的公共厕所环境是体现城市建设管理和城市文明水平的重要标志。新中国成立以来，城市公共厕所建设经历了从缺失到普及、从脏乱差到干净的发展过程；在形式上经历了一个由简易坑厕到具有现代设施的公共厕所及专门性公共厕所的发展过程。

新中国成立之初，各行各业百废待兴，城市公共基础设施陈旧落后，公共厕所基本上都是旱厕，且数量极少。以北京为例，1949年新中国成立之时全市仅有500座公共厕所，是属于"一个坑，两块砖，三尺土墙围四边"的露天旱厕，清理粪便主要靠人力。到了20世纪70年代后期，厕所条件依然简陋，基本是几堵围墙，一排蹲坑，蹲坑之间无遮挡，粪污无序收集，公共厕所问题成为国内外舆论批评的目标。曾有人用"哭、笑、叫、跳"四个字描述公共厕所的如厕经历：臭气熏哭了；厕所四面无遮挡，很滑稽，让人面面相觑苦笑；厕所里蠕动的蛆虫吓得人乱叫；厕所脏水直流，怕踩着粪便得跳着走。由此，公共厕所作为公共设施得到了重视，建设数量增加的同时，在设计、用材、卫生水平方面都有很大程度的提高。特别是北京，1974年公共厕所数量为2 879座，到80年代初期数量提升至近7 000座，也基本消灭了四合院的旱厕。随后，为了迎接亚运会的胜利召开，开展了一场浩大的厕所整治行动。1984—1989年，新建、改建公共厕所1 300多座，改建贯通下水道的溢流粪井1 000个，扩大公共厕所面积1.6万m^2，增加坑位3 300个，使6 000多座公共厕所基本实现了水冲，卫生状况也得到了改善（郑述之，2017）。1993年，《北京日报》报道，北京市区的公共厕所大部分是不对外开放的，繁华闹市区供200多万流动人口使用的厕所仅有200余座，因此，商业、交通等公共建筑和公共场所还面临着"上厕难"的问题，这是因为政府包揽的传统计划经济形成的依赖性和社会单位缺少公共厕所对外服务的责任感而导致的。依据《城市公共厕所规划和设计标准》CJJ 14—1987对当时北京市由环卫部门管理的6 763座公共厕所进行评价，其中符合标准规定的一、二类公共厕所仅有185座，符合三类公共厕所规定的有825座，其余均为设施简陋的四类甚至够不上类别的公共厕所，就是一排蹲坑（周星，2018）。可见，尽管数量在提升，公共厕所的建设标准和管理标准较低。同一时期，上海、广州等主要大城市开始了公共厕所的分类改造工作，并编制了公共厕所管理办法。

根据1995年全国城市建设统计资料，全国640个设市城市累计建设了113 461座公共厕所，若按城区常住人口18 490万计，则平均1 300城区常住人口使用一座公共厕所。值得注意的是，约有一半的省份和大城市低于全国平均数，比如湖北，全省城市公共厕所5 768座，平均1 810城区常住人口共用一座公共厕所，而武汉市平均3 070城区常住人口共用一座公共厕所，与全国平均数相差较大，公共厕所平均服务人口数比武汉少的省会城市还有许多（周争先，1998）。可以看出，尽管公共厕所的数量在增加，但是与满足居民使用要求还存在一定的距离。

1979—2020年我国历年公共厕所数量如图3所示，可以看出城市公共厕所数量呈逐年上升趋势。从2012年到2019年，三类以上公共厕所占全部公共厕所的比例由70%提高到83.82%，城市无障碍厕所达到近3.9万座，占城市公共厕所的28.66%。住房和城乡建设部《中国城乡建设统计年鉴（2020年）》和国家统计局的统计数据显示，截至2020年底，全国城市公共厕所165 186座，其中三类以上141 279座。以省为单位统计，江苏省最多，为14 961座；新疆生产建设兵团、青海、西藏、宁夏均不足1 000座；全国县城公共厕所共计55 548座；全国建制镇公共厕所共有135 000座，全国城市、县城和建制镇公厕合计355 700座。

城市每万人拥有公厕数量，反映了城市建成区公厕数量与城市人口数量的匹配程度（余召辉等，2017）。图4是1981—2020年每万人拥有公厕数量，可以看出，每万人拥有公共厕所数量基本在2.5～3.5之间波动，这说明随着城市人口和建设用地的快速增长，城市公共厕所数量与城市人口的增加保持了同步增长。2020年，全国城市每万人拥有公共厕所数量平均为3.07座；全国城市、县城和建制镇每万人拥有公共厕所3.51座；内蒙古最高，为7.85座；最少的是广西，为1.52座。住房和城乡建设部发布的《国家园林城市标准》中指出每万人拥有公共厕所应该达到4座，依此标准，在不考虑城市人口逐年增加的情况下，城市公共厕所数量至少还差近6万座。因此，厕所依然是我国基础设施的短板，仍

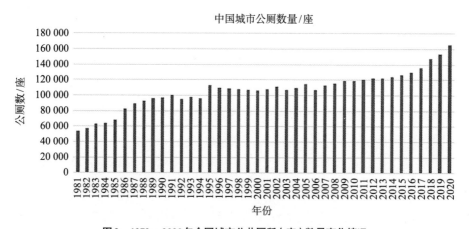

图3　1979—2020年全国城市公共厕所（座）数量变化情况

来源：中国城乡建设统计年鉴，2021

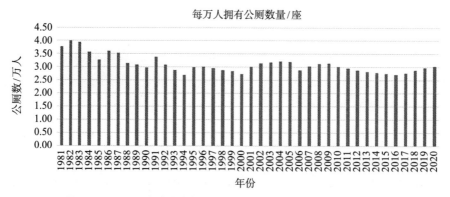

图4　1981—2020年全国城市万人拥有公共厕所（座）数量变化情况

来源：中国城乡建设统计年鉴，2021

注：自2006年起，人均和普及率指标按城区人口和城区暂住人口合计为分母计算，以公安部门的户籍统计和暂住人口统计。2006年以前只是统计户籍人口。

存在空间布局不合理且数量不足、配套设施不完全、设计不够人性化、科技化水平低、设施普遍落后、后续管理与监督缺失等问题（孙路禄，2017；刘明鑫等，2019）。观念和意识问题仍然是制约条件，厕所建设在很多城市还没有纳入规划环节且总体技术水平落后，设施相对简陋，卫生状况较差。自使用水冲厕所以来，城市厕所的排泄物直接进入排污管道再流入污水处理厂进行统一处理，在粪污处理技术上并没有实质性的飞跃，粪便消纳站的处理压力也越来越大。

2.2.2 农村公共厕所

1990年以前，农村厕所大多为户用旱厕，很多地区并未建设公用厕所，厕所的卫生状况差，苍蝇横飞，蛆虫乱爬，逢雨天常有粪水溢出，污染环境。图5是我国农村地区公共旱厕，正如书中所描述的那样："一个土坑两块儿砖，三尺土墙围个边"。

图5 1990年以前农村地区旱厕

1995年，潘顺昌等人调查了29个省（自治区、直辖市）、470个县的6 511座农村公共厕所，其中45.9%是1988年后新建的。这些厕所中，符合卫生要求的公共厕所有632座，卫生合格率为9.7%；有完整墙体和顶的厕所数量分别占83.8%和91.8%；公共厕所的贮粪池大多用水泥砂浆砖砌，占总数的87.3%；男女蹲位均数分别为4.04和3.70，蹲位比为1.1:1。这些公共厕所中有35.1%的无人管理，有71.5%的无照明设施，有89.7%的为非水冲式，60%以上内有蝇蛆和臭味（二级以上），卫生状况很差，粪便经过无害化处理的占29%（潘顺昌等，1995）。图6是2000年以后新建的一处农村地区公共厕所，和图5形成了鲜明的对比，卫生条件、外观、环境都有了极大的改变。图7是1990—2020年历年公共厕所数量，到2020年，全国各乡共建有公共厕所38 802座。

图6　农村地区公共厕所

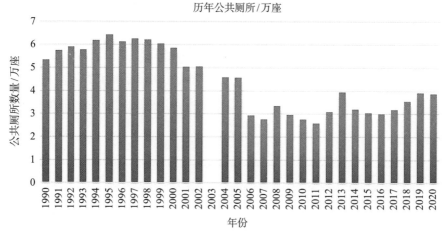

图7　1990—2020年公共厕所数量（2003年无统计数据）

来源：中国城乡建设统计年鉴，2021

农村公共厕所建设存在数量少、如厕满意度低、缺乏科学规范管理等问题（阳彬彬等，2020）。调研发现，绝大部分农户所在村庄的公共厕所相当匮乏或不知是否存在，农村居民日常如厕主要依赖自家户内厕所，少部分农户反映所在村庄虽存在公共厕所，但每村多为 1 座，且所在位置大多设在村口，由于距离较远、前往时间较长，村民使用公共厕所很不便。另外，部分农村仍有内部设施简陋、建设标准较低的旱厕，缺乏及时打扫和定期维护。更有甚者，卫生公共厕所直接处于长期闲置状态，为村民的日常使用带来极大不便，加之受农村居民多年生活习惯的影响，随地大小便现象也尚未杜绝。

2.2.3 旅游厕所

旅游厕所，是旅游服务和游客活动过程中不可或缺的组成部分。旅游厕所既是一个民族的文明窗口，也是一个国家和地区综合实力的体现（宋娟，2018）。因此，旅游厕所是影响旅游业发展的重要因素之一。

20 世纪 90 年代，旅游厕所存在数量少、脏乱差的问题，严重影响国家旅游业的发展，甚至给国家形象带来不良影响。1992 年，外国游客对北京等 12 个旅游城市的景点厕所卫生满意率仅有 46.41%。到 1994 年，国家旅游局对全国旅游厕所满意率调研显示，49.4% 的海外游客对我国旅游厕所表示不满意。同年 9 月，日本姬路独协大学一井健一郎教授给国家旅游局的来信中严肃指出"厕所不讲究，有害于旅游业"。有些国外游客幽默地讽刺道"中国的美味佳肴享誉全国，中国的公共厕所臭名远扬"。为改善这些问题，国家采取了一系列措施。1993 年，国家旅游局认真总结了旅游厕所建设的经验教训，提出了《全国旅游厕所工程实施大纲》，进一步强调"抓好旅游点的厕所建设是所在地方和所在景点必须抓好的基础工作，投资应以所在地方各所在单位为主，在各方资产都落实的情况下，国家旅游局可给予一定资助，建设和管理并重，把管好旅游厕所的责任落实到所在单位"；同时，大纲更强调标准化，要求建设水冲厕所，做到无蝇、无虫、无异味。从 1994 年起，国家旅游局还决定，连续三年每年从国家计划安排的预算拨款投资中拿出 1 000 万元专项资金，用于补助旅游点厕所的建设（林越英，1997）；同年，还会商建设部联合发出《关于解决我国旅游点厕所问题的若干意见》。

　　21世纪以来，随着我国社会生活水平提高和旅游事业的快速发展，特别是节假日期间，面对游客数量井喷式的增加，旅游厕所服务由于无法有效应对而暴露出诸多问题，成为我国打造"文明旅游国家""品质旅游国家"形象的瓶颈。2015年，国家旅游局启动"515战略"国家厕所革命的文明工程，印发《全国旅游厕所建设管理三年（2015—2017）行动计划》，提出从2015年至2017年，通过政策引导、资金补助、标准规范等方式持续推动，三年内全国新建、改扩建旅游厕所5.7万座，其中新建3.3万座，改扩建2.4万座，朝着实现数量充足、干净无味、实用免费、管理有效的目标不断迈进。就在第一个三年行动计划超额完成之际，国家旅游局又发布了《全国旅游厕所建设管理新三年行动计划（2018—2020）》，提出从2018年至2020年，全国继续新建、改扩建旅游厕所6.4万座，其中新建4.7万座以上，改扩建1.7万座以上。图8是21世纪的旅游厕所，外观与环境相协调，体现了新一代旅游厕所的设计建设和管理水平，表明我国旅游厕所的发展取得了极大的进步。

图8　21世纪的旅游厕所

　　为了提升旅游厕所的服务质量，文化和旅游部还积极利用信息化手段，通过高德地图上线旅游厕所信息，使旅游厕所寻找更便捷。截至2021年，全国已经上线了13万个旅游厕所信息，覆盖31个省份、超过2万个景区，其中全国300

余个AAAAA级景区基本全部覆盖。同时,为了缓解市内人流密度高地区旅游厕所的压力,为游客提供便利,还积极开发开放厕所。表1是各城市公共开放厕所覆盖率、总量、人均拥有量以及平衡指数排名。

各城市公共开放厕所覆盖率、总量、人均拥有量以及平衡指数排名　　　表1

序号	城市开放厕所覆盖率排名	城市开放厕所总量排名	城市开放厕所人均拥有量排名	城市开放厕所平衡指数排名
1	东莞	北京	宁波	深圳
2	佛山	上海	北京	佛山
3	深圳	苏州	杭州	上海
4	上海	杭州	苏州	无锡
5	厦门	宁波	昆明	北京
6	苏州	广州	绍兴	苏州
7	宁波	天津	常州	宁波
8	北京	重庆	南京	东莞
9	无锡	成都	武汉	常州
10	南京	武汉	上海	武汉

注:①厕所覆盖率:以一个厕所位置点为圆心,以半径500m作为该厕所的覆盖面积,用城市内所有厕所累加的覆盖面积除以城市总面积,得到该城市的厕所覆盖率,覆盖率越高,该指标排名越前。

②城市开放厕所平衡指数是指一个城市所拥有的开放厕所数量与城市用户日常对开放厕所需求数量,两者之间的平衡程度。平衡指数越高,说明该城市的厕所供需之间越趋于平衡状态。

来源:国家旅游局信息中心,高德地图 [EB/OL]. [2018-02-26]. http://zwgk.mct.gov.cn/zfxxgkml/tjxx/202012/t20201204_906470.html.

在旅游厕所标准化建设方面,2003年,国家旅游局颁布了《旅游厕所质量等级的划分与评定》GB/T 18973—2003,该标准将旅游厕所划分为5个等级,以星级表示,标志着旅游厕所标准化建设的开始。2016年,国家旅游局对该标准进行了修订,将旅游厕所质量等级由原来的五个等级改为三个等级,加强了相关条目的对应性。

2.3 公共厕所的运营管理模式

公共厕所的新建、改建、扩建等工作涉及厕所的选址、用地、技术设备和资金筹措等问题,建设时间较短,建设管理可能相对容易,但厕所日常的维护运营及后期的管理服务牵涉旅游、城建、环保、电力、城管等多个部门，是一个需要综合统筹和长期考虑的问题。因此，选择合适的公共厕所管理模式，是保证公共厕所长期稳定运营的重要前提。

2.3.1 城市公共厕所

公共厕所运营管理模式按照运营主体可以分为市政运营和以商养厕两种模式。

1.市政运营模式

市政运营是指政府负责公共厕所的运营和管理，这类公共厕所是城市公共厕所建设的主流（姚胜男，2020），由政府资金建设管理的公共厕所占我国公共厕所总量的90%以上。由于公共厕所的公共属性，其建设通常由政府通过财政资金拨款，政府的环卫部门是公共厕所建设的主体，厕所的设计、建设以及维护管理都由环卫部门负责。这类公共厕所在政府投资建设完成后，由政府所属的保洁作业机构或委托社会企业对其进行保洁管理，政府承担全部的管理维护费用。随着环卫市场化步伐不断加快和公共厕所革命的持续深入，大批由政府部门管理的公共厕所也统一打包交由社会企业运营，具体来说就是政府在投资建设后，委托有资质的社会企业对公共厕所进行管理，政府负责所有的后期费用。托管服务费多采用固定价格的方式，根据不同的维护标准和不同的地区，每座公共厕所每年的运营费用从数万元到十几万元，甚至更高。

2.以商养厕模式

"以商养厕"是在公共厕所需求与投资运营费用之间存在缺口的情况下提出来的一种模式，是指政府给予企业特许经营许可，由企业对厕所管理和维护，并承担相应的费用，但是企业也能从中创造利润价值的模式。通过以商建厕、以商养厕等方式，鼓励社会资本方对一定区域内的厕所进行统一开发、建设和运营管理。这种模式在现代社会经济发展水平较高的情况下实施，有利于推动公共厕所的投资建设，运用市场经济的手段对公共厕所的运营方式进行调节，提高公共厕所的管理水平，加快公共厕所的升级改造，实现城市公共厕所数量和质量不断提升的目标。例如在旅游厕所的建设和管理中，采用"商厕结合、以商养厕"的办法，即由单一的旅游厕所建成经营场地与旅游厕所结合的共同体，商用建筑将用作企业的产品展示厅和销售点，即一层为商，二层为厕。以商养厕可以是一商养一厕，也可以是一商养多厕；可以是商、厕同地，也可以是商、厕异地。由政府确定公共厕所的位置和规划，通过公开招标择优选取业主，建厕投资和商铺收入都属业主，自负盈亏，PPP模式、BOT模式、ROT模式、BOO模式是以商养厕的具体模式。

（1）PPP模式，全称Public-Private Partnership，这是公共基础设施中比较普遍采用的一种项目运作模式，即通过政府和社会资本合作，政府更多地以指导者、监督者的角色在PPP模式中发挥作用。PPP管理模式中的伙伴关系不仅意味着利益共享，与之伴随的还有风险分担。所以，政府部门一方面需要制定开放优惠的政策与建立激励机制，对社会资本的进入形成推力；另一方面需要不断完善有关PPP制度，通过更多地为社会资本承担政策、法律和最低需求风险，建立合理的风险分担机制，为社会资本扫除后顾之忧，减小社会资本投入的阻力，在"加推减阻"之间形成合力，实现PPP管理模式与社会的深度融合。将PPP模式应用于城市公共厕所的建设已成为全世界公认的一种理想方案（姚胜男，2020）。

（2）BOT模式，即建设—运营—移交模式，也是政府和社会资本合作的运行模式之一，是私营企业参与基础设施建设，向社会提供公共服务的一种方式。政府部门就某个基础设施项目与私人企业（项目公司）签订特许权协议，授予签约方的私人企业来承担该基础设施项目的投资、融资、建设、经营与维护，在协议规定的特许期限内，私人企业向设施使用者收取适当的费用，由此来回收项目的投融资，包括建造、经营和维护成本并获取合理回报。政府部门则拥有对这一基础设施的监督权、调控权，特许期届满，签约方的私人企业将该基础设施无偿或有偿移交给政府部门。

（3）ROT模式，即改建—运营—移交模式，主要是指特许经营者在获得特许权的基础上，对过往的旧资产或者项目进行改造，并获得改造后一段时间内的特许经营权，特许权期限届满后，再移交给政府的一种模式。

（4）BOO模式，即建设—拥有—经营模式，承包商根据政府赋予的许可证，建设并经营某些项目，但并不将此基础产业项目移交给公共部门。由此，政府部门既节省了大量的人力、财力、物力，又可以在瞬息万变的信息技术发展中处于领先地位，企业也可以从中得到相应的回报。BOO模式中厕所由企业自主建设、管理和运营，然而在实际运行过程中，通常由于运营成本高、收益低而实施困难，企业为了能够保证公共厕所正常运行，需要对使用者收取一定费用，付费厕所在欧洲比较常见，单次使用费用通常在0.3至1欧元不等，在国内付费厕所比较少见，付费厕所的接受程度比较低，单次使用费用在几元不等，有些付费厕所会对单次使用时间进行限制，到一定时间会被强制结束使用。部分公共厕所会配置个人护理、卫生用品、文学作品阅读等额外服务，收取相应的服务费用。因公众对使用前烦琐的付款步骤、使用时间限制的不满，收费厕所饱受诟病，且企业因资金短缺，私营公共厕所的服务设施往往不到位，从而形成"无人使用—资金短缺—服务设施差—无人使用"的恶性循环。

　　此外，在厕所建设过程中，还包括社会捐赠模式。社会捐赠是指自然人、法人或其他社会团体出于爱心，自愿无偿地向公益性社会团体、公益性非营利单位、某个群体或个人捐赠财产进行救助的活动。公共厕所的社会捐赠多出现在疫情、灾情等应急状态下，也可用于乡村、学校等特殊社会群体。一些公益机构如中华慈善总会，向中小学校捐赠公厕，改善学校卫生状况。广东省绿盟公益基金会联合中国建筑卫生陶瓷协会、中国城市环境卫生协会公厕建设管理专业委员会共同发起的"百企千村厕所革命"公益联合行动，在政府主导下探索了公益力量多方联动模式，即"公益捐图、乡村捐地、乡贤捐资、企业捐料、社会捐力"，推动政府、市场和社会组织共同参与公共厕所建设。通过集结社会、机关企事业单位等力量，捐赠厕所、"认养"厕所，探索"公厕+"等是实现公共厕所服务功能的可持续发展模式之一。

2.3.2　农村公共厕所

　　按照2019年11月农业农村部、卫生健康委、生态环境部发布的《关于开展农村厕所粪污处理及资源化利用典型范例遴选推介工作的通知》要求，根据组织管理、资金投入、技术模式、运行管护、主体参与等方面的情况，在分区分类基础上凝练总结出9种典型模式，其中三类与农村公共厕所的建设和运维有关。农村公共厕所的运营维护往往是与农村户用厕所统筹开展的。

1.县级政府投资建设+县级相关部门、镇政府运维

　　县级政府投资建设大/小三格式化粪池、污水管网、污水处理站。县、镇统

一购买吸粪车，组建服务队伍，为农户或公共厕所义务抽取粪污，有偿提供给种植企业（或大户）使用。对铺设管网、建设大三格式化粪池的村，如果厕所粪污与厨房污水、洗涤污水等其他生活污水混合，经大三格式化粪池处理后，进入污水处理站或人工湿地，达标排放；如果厕所粪污单独处理，经管道或抽排设备转运至大三格式化粪池处理，粪液就地就近就农利用。

2.县级政府投资建设+乡镇政府/村集体运维

县级财政投资建设农村公共厕所、污水管网、污水处理设施等。乡镇是农村公共厕所长效管理的责任主体；行政村是监管主体；保洁员是具体责任主体，负责农村公共厕所日常保洁、厕具维修、管道维护等。农村公共厕所、户厕粪污经化粪池沉淀后，与厨房污水、洗涤污水等其他生活污水统一纳管接入污水处理设施集中处理，达标排放或浇灌林地等。

3.政府引入社会资本投资建设+第三方专业服务公司运维

这种是典型的PPP模式。县级政府对农村公共厕所、户用厕所建设改造给予补助。通过政府和社会资本合作模式，建设农村生活污水治理工程，包括污水收集管网、污水处理设施等。通过政府购买服务方式，委托第三方专业服务公司进行设施维护、日常保洁等专业化、规范化管理。这种模式的通常做法是，将农村根据需要划分成若干区域，通过合同承包方式，将每一个区域的公厕建设项目交付有意向有资金的家庭。政府资金则用于对这些家庭的项目补贴，并通过发放特许经营权将公厕的经营管理权永久性地划归于投资家庭，再实施政府建立公厕、农民缴费制度，就是政府替投资者向区域内公厕所有使用家庭定期收取养护费用，来让投资者获取投资回报。经营管理权不仅赋予了项目投资人有权获取通过经营得来的利润的权益，同样也明确了项目投资人要承担起管理维护公厕的责任，而政府方面需利用其机能多发挥监督、引导作用（陈家琪等，2018）。

2.3.3 旅游厕所

旅游厕所运营管理模式主要有政府主导模式、托管模式、PPP模式、认养模式四种。

1.政府主导模式

政府主导下的旅游厕所运营模式是主流模式，其特点是政府投资、政府管理、政府监督，该特点也决定了旅游厕所公共设施的属性。政府作为主投资方，在解决旅游厕所的投资大、成本回收时间长的问题时，可发挥资源配置的先天优势，其提供公共服务的性质契合了旅游厕所的本质，主要由政府承担所有成本。

2.托管模式

业主通过购买服务，委托专业保洁公司承担厕所管理，提高厕所专业化、规模化管理水平。

3.PPP模式

PPP模式即"公私合作机制"，其本质就是政府与社会资本合作，为社会提供公共产品或服务的一种关系。其投资方式是社会资本独资或政企合资。该模式政府给予政策扶持，保证旅游厕所的顺利运作。企业也可以通过厕所墙面广告开发权来维持运营成本甚至赚取利润。

4.认养模式

认养模式是政府主导下厕所管理模式的新形态。该模式与商业化思路相反，通过企业、个人、学校、社会团体等自愿提供经费或人力方式来对旅游厕所进行维护和管理。鼓励各类单位、企业、酒店开放内部厕所给游客，通过招募厕所志愿管理者来对厕所进行管理和维护。政府作为该模式主要投资建设方，在日常管理上，给予一定的资金和实物作为补贴。

2.4 公共厕所技术和设备发展

2.4.1 便器节水技术

冲水马桶是20世纪最伟大的发明之一，由传统旱厕到冲水马桶的转变是人类迈向现代文明的重要一步，水冲厕所的使用极大地改善了人类的如厕环境，为人与粪便直接接触架起了一道屏障，解决了传统开放式厕所排泄物堆积的问题，进而避免通过蚊蝇和空气等途径导致病菌传播。虽然水冲便器提高了厕所卫生条件，但也被认为是20世纪"最失败的发明"，其弊端在于水资源耗费巨大、污水处理厂运行负荷和成本显著提高以及存在污泥处置和氮磷等资源回收与利用问题

（Langergraber、Muellegger，2005；党成成，2021）。为此，如何在保障厕具清洁效果不减的前提下，减少水冲厕所对水资源消耗已逐渐成为关注的重点（李子富等，2010）。由此，各种便器节水技术应运而生。

1. 泡沫封堵技术

泡沫封堵技术是利用发泡装置对发泡材料（表面活性剂等）发泡，产生大量润滑性强、密封性高的泡沫，以冲洗性良好的泡沫代替水称为冲厕介质，既可以减少冲水厕所的用水量需求，还可以有效封堵，避免臭气扩散造成如厕人员感官不适（陈云祖，2014）。该技术节水效果显著，自动化程度较高，可以在城市中推广使用，但是当厕所使用频率较低时，泡沫会快速蒸发，从而水封消失，引发臭气污染，难以形成有效封堵，因此需要考虑使用人流量。

2. 真空气吸技术

真空气吸式厕所由真空便器、管道、真空泵和储粪池等组成，该技术利用真空负压原理以气吸形式把粪污从便器吸入储粪池内，是传统重力管网收集技术的一种替代技术（张健等，2008）。其优势是每次耗水量仅为0.5～1.0L，便器洗刷干净，负压隔断臭源，粪污收集和转储在单向、密闭环境中进行，同时使用负压代替重力输送，管径小，不易堵塞，可实现同层排放。其弊端为真空管网和真空泵的基建成本高，系统密闭性和运行条件要求严格（尹文俊等，2019），噪声大（韩彦召等，2022）。

3. 免水可冲技术

免水可冲厕所是在收集到的尿液中添加一种具有除臭、杀菌、消毒、润滑和防垢作用的药剂或菌液进行处理，处理后的尿液在色度、气味等感官方面不会引起不适，再用于冲洗厕所（国家旅游局，2017）。该类技术减少了水资源的消耗，但是该类厕所的日常管理维护工作烦琐严格，药剂的投加量也需严格把关，同时还要考虑温度、pH值等运行条件，运行费用较高。

4. 气水冲技术

气水冲技术是指由压缩空气与水混合释放高压气水通过便器上的特殊喷嘴冲洗粪便，小便冲洗一次用水0.2L，大便冲洗一次用水0.4L，便器采用直落磁力密封厕具，干净无臭味。该厕所系统由无油静音气泵、自动控制系统、PLC程序控制器、储水箱、储水压力容器、红外面板人体探测器等组成。

5.微水冲便技术

微水冲便技术根据大小便分别采用不同的冲水量，平均冲水量约0.75L/人·次，技术原理是利用一定压力（≥1.5kg，市政管网压力一般≥2.5kg）的水冲洗专用便器盆腔，排污口设水封式隔味阀，实现排污隔臭双重功能。当管网压力不足时可以增设管网增压设备。该技术用水量少，比普通水冲厕所节水87%；运行成本低，比普通水冲厕所约低84%；排污量少，比普通水冲厕所减少82%。

6.干式厕所

干式厕所包含打包厕所、粪尿分集厕所、免水冲小便器等。打包厕所采用打包密封式技术，将粪污通过打包机打包封口收集于储粪箱，再交由后续处理场所进行统一无害化处理，从环保角度考虑，打包厕所的打包袋一般采用生物可降解材料（高分子聚合物材料等）制备。但打包的粪便需要二次运输、二次处理，增加了运输成本，此外打包袋的破损也有给粪污储存和运输过程带来二次污染的风险。打包厕所适用于展会、建筑工地、灾区野营地等临时性、应急性的无水场所（尹文俊等，2019）。

粪尿分集厕所是指采用粪尿不混合的便器把粪和尿分别进行收集和处理利用的厕所，这是一种技术改良后的现代旱厕，基本不用水冲，在缺水地区尤为实用。

免水冲小便器是指便后无需采用水冲的小便器，尿液进入管道后，通过阻集器将尿液与外界隔离开来，从而抑制臭味扩散。免水冲小便器实现无接触操作，减少了细菌在使用者之间的手—手传播风险，同时降低了水资源的消耗。

2.4.2　通风除臭技术

公共厕所通风技术分为自然通风和机械通风。在传统的公共厕所设计中，常采用自然通风的方式将恶臭气体排出室内，如通过窗户、门、百叶窗或其他户外开口的方式实现，在不影响隐私的前提下大量引入自然风。该方法虽成本低廉，但效率较低，依赖外界环境和厕所通风设计，无法稳定、持久地维持干净、清新的室内环境（李爱萍，1997），甚至出现恶臭污染物浓度超出国家标准的范围。

机械通风是相较于自然通风更有效的方式，将风机安装在适当的位置，增强空气流动速度进而降低污染物气味的浓度，通风送排风口的位置应根据气流组织设计的结果布置，气流组织设计的原则应保证通风送风口所提供的新鲜空气先经过人的呼吸区再流向污染区从排风口排走，进气量应低于排气量，保证室内一定的负压条件。这种方法相对来说是比较环保的物理方法。个性化通风（PV，Personalized Ventilation）是机械通风的一种新方式，指在与周围空气混合之前，直接向人们的呼吸区提供新鲜空气，从而显著提高吸入空气的质量（Zhang等，2022）。研究表明，PV能有效去除厕所内污染物（硫化氢和氨），降低呼吸区污染物浓度。仅仅依靠通风设施对公共厕所室内空气进行净化是远远不够的，通风仅仅是将恶臭气体从室内转移到室外，而公共厕所周边环境的安全、卫生状况也关乎公共厕所水平的提升。除臭技术可以与通风技术结合以保障公共厕所厕间的空气质量。

公共厕所除臭首先应在源头控制臭味的产生，如使用带有存水弯或其他防臭技术的便器、小便器排水管暗装减少清洁死角、提供可以入坑的可溶性厕纸、增加方便清洁的弧形墙地转角、墙地砖进行美缝减少污渍吸收、提高保洁频次等，以降低厕间臭味浓度，从而改善如厕体验。其次是应用各类除臭技术。除臭药剂是一种较为有效的除臭方法，使用除臭药剂去除公共厕所中的臭味逐渐成为公共厕所除臭的主流，各种除臭药剂也应运而生，包括物理除臭、化学除臭、生物除臭等，有些除臭药剂不仅对臭味有净化效果，还对空气中的细菌有消毒作用。

物理除臭药剂分为挥发型和吸附型。挥发型除臭剂依靠自身特性，挥发到臭气中掩盖恶臭气味，达到嗅觉上除臭的目的，例如使用燃点檀香、放置樟脑丸等（张伟，2015）。吸附型除臭剂以活性炭为主，除臭原理是活性炭具有较大的比表面积和较多的空隙，吸附交换能力强，除臭效果明显。化学除臭剂通过与臭气分子发生化学反应，将臭气分子转化成一些无臭物质。化学除臭剂除臭机理复杂，涉及的化学反应种类较多，其中以氧化还原反应为主。微生物除臭剂是指从某些物质中分离除臭菌，然后将除臭菌富集培养，再配成除臭菌稀释液。在繁殖过程中，除臭菌将恶臭物质当作营养源加以吸收利用，进而达到除臭的目的。植物除臭剂来源广泛、无污染、除臭效率高、应用范围广、使用简便，是以植物提取液为主要活性组分的一类除臭剂，可供选择的植物涵盖松科、樟科、姜科、柏科、芸香科、唇形科、豆科、橄榄科、忍冬科、山茶科和蝶形花亚科等。复合型除臭剂是指将两种或两种以上技术用于除臭，在功能上实现除臭效果互补。人们可以按照一定的配比，将丙二醇、乙醇、司盘、吐温和桉油等物质制成复合型除臭剂，其除臭效果明显，该复合型除臭剂对NH_3和H_2S的去除率较高（尹朋建等，2021）。

生物除臭是通过微生物的代谢过程，将空气中的有机物分解，从而实现臭味去除。微生物除臭需经过三个过程：①恶臭气体由气相溶解到液相；②溶解到液相中的恶臭气体分子经微生物的细胞壁和细胞膜被吸附，附着在微生物表面的恶臭气体再经微生物分泌的胞外酶分解为可溶性物质后进入细胞内部；③随后被微生物作为营养物质分解、利用，从而完成对恶臭气体的降解。微生物除臭法因其具有不添加有害化学成分、绿色环保、操作简单、成本低等优点，在厕所除臭中具极高的发展潜力和应用前景（唐微微，2013），应用较广。

安装空气净化器也是一种有效的除臭方式。空气净化器把经过挥发后的空气净化剂分子扩散到空气中，通过与异味分子中和、酯化等复合作用，从而达到消除异味的目的，对人体无毒无害、无二次污染、卫生安全，还能有效改善空气质量。

市场上也出现了超声波雾化除臭产品。其原理是将除臭剂与水配比后进行振荡，产生微雾，通过风动系统全方位有效去除公厕内的臭气（李志安，2020）。还有纳米光触媒除臭技术，在太阳能照射后，纳米光吸收太阳能，或积聚其他能源的能量，将其表面的电子粒子激活，被迫偏离原来形式轨道，以此形成附带正电荷的粒子空穴；而强还原性粒子则大量溢出，受到粒子表面强氧化空穴的吸附，形成水汽反应，在空气中逐渐反映出氢氧自由基及活性氧，在此基础上分解大量的污染物，实现最终分解臭气的目的（姚永利，2018）。

除臭技术还可以与人工智能相结合，实现对厕所臭味的精准评估与处理，通过对智能化控制、模块设备、数据收集传输、信息管理等方面的研究，精细化进行如厕人流量统计、环境监测、通风除臭、数据分析、智能导厕、辅助优化公共厕所布局等功能管理，实现智能化公共厕所除臭技术的应用，从而促进城市公共厕所基础信息的完善和公共厕所信息管理系统的建立（张劲松、刘媛，2020）。

2.4.3 粪污处理技术

公共厕所产生的粪污处理技术分为三种：原位处理、化粪池转运再处理、直接通过排污管道运送至污水处理厂进行集中处理。其中，原位处理也叫就地处理，即采取技术手段就地处理粪污，从而达到安全处理处置的目的，处理后液体部分可以排放或者回用。另外两种属于异位处理，一种是公共厕所不连接排水管网，粪污在化粪池暂存，通过抽粪车被运输到粪便处理厂或城市污水处理厂集中处理；另一种是公共厕所连接排水管网，粪污与生活污水等一起进入城市排水管道（即下水道），经污水处理厂集中处理后排放或利用。粪污消纳站消纳、污水处理厂集中处理都是目前主流的粪污处理模式，其技术成熟度高。近年来，为了减少公共厕所对周边环境的影响，减少地理条件对粪污处理处置的限制，基于粪污原位处理的无需下水道管网的厕所受到重视。本部分主要介绍四种原位处理技术。

1.多级生化组合电催化氧化技术

经过收集的厕所污水，首先在调节池内进行水质和水量调节，此时，调节池进口处的分离装置可以分离掉大块的厕纸及杂物；然后经厌氧、兼氧、好氧等多级生化处理单元对污水进行生物处理，去除掉大部分的污染物质；再进入电化学反应器进一步去除污染物和脱色；最后由精密过滤器中得到满足冲厕要求的再生水，实现水资源的循环利用。

2.膜生物反应器技术

该技术是以膜生物反应器（MBR）为核心部件，厕所系统在启动初期一次注水后，经过生化处理系统消毒，出水可以满足回用冲厕要求，无需再补充供水。经过收集的厕所污水先后经过破碎、贮泥槽、MBR膜生物反应器、净水槽消毒处理后可以循环用作冲厕水。

3.以复合生物反应技术为核心的微水冲技术

收集的厕所污水经过收集池、微曝气氧化池、接触氧化池生化处理后，采用长寿命无阻塞管式微滤膜过滤，经脱色和消毒处理后，可用作冲厕或绿化回用水。向收集池、微曝气氧化池、接触氧化池内投加高效复合微生态菌剂，实现高效同化、降解、氧化还原和矿化作用，实现厕所污水的净化，并且在各池后设沉淀池，进一步提高进入下一单元的效率。

4.粪便堆肥

堆肥是一种简单可靠的处理技术，一般是将人畜粪便、秸秆、餐厨垃圾和剩余污泥等有机废弃物混合堆积以制作有机肥，通过调整不同物料的配比来改变整体的含水率和碳氮比以适应堆肥过程。堆肥过程通常分两个阶段：一次堆肥主要是使废弃物中的有机物降低，臭气减少，杀灭寄生虫卵和病原微生物，从而达到粪便无害化的要求。一次堆肥后的堆料可进行二次发酵，使其中的有机物进一步被分解，利用微生物分解大分子有机物，转化为稳定的腐殖质。堆肥完成后，物料可转化为深褐色、质地疏松、有泥土气味的腐殖质肥料（李甲琳，2019）。

2.4.4 其他配套设施

随着社会的进步和服务质量的提升，公共厕所的配套设施不断被更新，以提升如厕的便利性、卫生性、舒适性为目标的智慧公共厕所应运而生。

智慧公共厕所运用无线通信技术，结合物联网、大数据、云计算以及人工智能等前沿技术，实现公共厕所的智慧监管与运营，依托科技为人们提供便捷、舒适的城市公共卫生服务。通过各类传感器技术采集、无线通信传输、云平台存储，实现对公共厕所运营过程中产生的数据进行分析和统计。通过监控指挥平台实时进行远程管控，以实现对公共厕所各项评价指标（如臭味、湿度、有毒气体含量、服务设施的使用）的实时监测，根据检测结果，线上对厕所中空气质量、环境卫生状况进行调控，评估是否需要人为干预检修。用户也可以通过客户端实时获取公共厕所地理位置及使用情况等信息，在最短时间内满足用户需要。

男女如厕方式及时间的差异一直是公共厕所面临的困境之一。在传统思维模式的影响下，公共厕所应当是男、女厕所分别设置，且受"男女平等"思想的影响，长期以来，公共厕所男女厕所的蹲位一直按照1:1设计，《城市公共厕所设计标准》CJJ 14—2016中指出，女厕位与男厕位的比例应依据厕所建筑面积调整为2:1或3:2。尽管提高了设计比例，但在实际使用过程中，经常出现女厕所门口排起长队，而男厕所却大量空闲。针对此问题，智慧厕所可以通过使用人数在线反馈，实时调整厕所性别设置的标识，调节使用人数与厕位数极端不平衡的现象。

　　此外，通过拓展公共厕所周边的便利店、取款机、服务站、充电桩，甚至简易体检等功能，实现了厕所从单一功能到多功能的延伸。通过生态艺术设计、文化符号包装，强化厕所内部环艺装修、设施创意设计等，使公共厕所的内饰、设施与地域文化融为一体。在厕所内部增设便民设施，如消毒水、纸巾、多功能按钮、Wi-Fi覆盖、残疾障碍者设施等配置，厕所中设置洗漱间、化妆间、母婴室等不同功能区，满足不同人群的需求，从无生气的硬软件设施设置到与人的情感体验联结共振，尽显人文关怀。

3 公共厕所相关标准与规范

五次厕所革命以来，公共厕所建设取得了较大成就，但是公共厕所标准建设相对滞后，直至1988年，第一个公共厕所标准《城市公共厕所规划和设计标准》CJJ 14—1987才正式实施。随后，公共厕所相关标准建设得到了进一步发展。截至2021年底，已经正式发布的与公共厕所相关标准覆盖了国家标准、行业标准、地方标准、团体标准等各个层级，包含国家标准7项，行业标准11项，地方标准35项，团体标准10项。此外还有企业标准48项。

3.1 标准、标准化、标准化体系概述

《标准化工作指南第1部分：标准化和相关活动的通用术语》GB/T 20000.1—2014中对标准的定义是："为了在一定的范围内获得最佳秩序，经协商一致制定，并由公认机构批准，共同使用和重复使用的一种规范性文件。"相较而言，国际标准化组织（ISO）更强调标准的技术属性，国际电工委员会（IEC）倾向于标准的经济促进作用。

标准可以从多个角度进行分类。根据组织制定与批准机关及适用范围，可以将标准分为国家标准、行业标准、地方标准、团体标准、企业标准；根据法律约束性，可以将标准分为推荐性标准和强制性标准；根据性质内容，可以将标准分为技术标准、管理标准和工作标准；根据对象作用，可以将标准分为基础标准、安全标准、卫生标准、方法标准、环境保护标准、产品标准、设计标准、工艺标准以及设备和工艺装备标准等；根据标准形式，可以将标准分为技术报告、规范、导则、规程、指南和标准。具体标准分类见表2（张玮哲，2020）。按

组织制定与批准机关及适用范围的分类详见表3。

标准分类 表2

标准适用范围	法律约束性	性质内容	对象作用	标准形式
国家标准	强制性标准	技术标准	基础标准	标准
行业标准	推荐性标准	管理标准	方法标准	规范
地方标准		工作标准	安全标准	规程
团体标准			卫生标准	导则
企业标准			环境保护标准	指南
			产品标准	技术报告
			设计标准	
			工艺标准	
			设备和工艺装备标准	

按组织制定与批准机关及适用范围划分的标准类型 表3

序号	名称	管理机构	适用范围	标准符号	备注
1	国家标准	国家标准化行政主管部门	全国	标准以"GB"表示	工程建设领域国标由住房和城乡建设部与国家质检总局联合发布
2	行业标准	国务院有关行政主管部门	行业	不同行业的行业标准代号不同，如"JCJ"是建筑工程行业标准；"CJJ"是城镇建设工程行业标准等	国务院卫生行政主管部门、国务院建设行政主管部门、国务院环保行政主管部门等
3	地方标准	省级标准化行政主管部门和经其批准的社区的市级标准化行政主管部门	该地区	标准号一般以"DB"开头；也有特例，比如上海工程建设标准以"DG"开头，新疆以"XJJ"开头等	
4	团体标准	具有独立法人资格的社会组织	社会自愿采用	不同团体规定不同	具有独立法人资格的社会组织发布
5	企业标准	企业	企业内部使用		企业印刷

标准的制定只有按照一定程序，包括计划阶段、准备阶段、起草阶段、审查阶段和报批阶段，才能保证标准的质量和有效实施。标准审查如需表决，必须有不少于出席会议代表人数的四分之三同意通过，同时标准起草人不能参加表决，其所在单位的代表不能超过参加表决者的四分之一，只有在参与表决人员的四分

之三同意后才能通过。标准的概念还常常与导则、法规、技术规范、规程等相混淆。它们与标准之间的区别和联系见表4。

导则、法规、技术规范、规程与标准的区别和联系　　　　表4

类型	定义	区别	联系
导则	指由国家行政管理职能部门发布，用于规范工程咨询与设计的手段和方法，具有一定的法律效力。此外，它也是对完成某项任务的方法、内容及形式等的要求	标准是通过双方经协商一致制定并由公认机构批准。导则一般由国家行政管理职能部门发布	标准是针对活动的结果，规定了导则后的内容结果，是为了保证预定领域内最佳秩序
法规	是由权力机构通过的、有约束力的法律性文件，要规定生效的时间和空间范围	法规是权力机构发布的，在其辖区内具有强制性；标准是公认机构发布的，供有关人员自愿采用的	依据《标准化法》规定，强制性标准就是技术法规
技术规范	是规定产品、过程或服务应满足的技术要求的文件	技术规范为"规定"的技术要求，没有经过制定标准的程序	标准中的一些技术要求可以引用技术规范，技术规范本身经过了标准制定程序，由一个公认机构批准，可以成为标准
规程	指为设备、构件或产品的设计、制造、安装、维护或使用而推荐惯例或程序的文件	规程给出的是惯例或程序，突出过程而不是"结果"，没有经过制定标准的程序	与技术规范和标准的联系一致

过去，我国标准主要以国家标准、行业标准、地方标准为主，绝大部分由政府部门提出需求，组织修订发布，标准管理机制主要为自上而下的体制。国务院标准化行政主管部门统一管理全国标准化工作。国家标准制修订工作由国家标准化管理委员会统一组织，行业标准由国务院各有关行政主管部门组织，并报国务院标准化行政主管部门备案，地方标准由地方行政主管部门负责制定与管理。公共厕所主要涉及的行政主管部门有住房和城乡建设部/厅/局、城市管理委/局、卫健委/局等。

标准化在不同的历史时期随着社会生产力水平的影响而不同，给生产力的发展创造了条件：一方面，科学、经济和技术的发展为标准化的发展提供了动力；另一方面，标准化对经济、科学技术的发展来说是不可或缺的。ISO不仅在1952年成立了标准化常设委员会（STACO），还在世界许多国家建立了标准化机构，在全球范围内推进标准化进程。

大多数国家在经济、文化、科学、国防和社会生活等广泛领域已经开展了标准化工作。为在国际贸易领域占据有利位置，发达国家不惜投入相当的经费和人力进行标准战略的研究，强化标准的研制，并已形成较为成熟的标准化体系（李文峰等，2007）。虽然标准化在中国从21世纪以来取得了长足进步，但相对于国内外环境变化，已有的标准化已不能很好地满足经济社会快速发展的需求，突出表现为标准缺失、老化，滞后现象严重，标准整体水平不高，标准供给渠道单一等问题。

国际上标准化体制主要分为两种类型：一种是由政府直接管理模式，即政府直接制定发布标准；另一种是政府或法律授权某一机构管理模式，即政府不制定发布标准，而是由该授权机构制定发布。标准化体制建立在经济体制基础之上，市场经济发达的国家主要采取第二种模式，大部分发展中国家基本采取第一种模式，日本、韩国这样的亚洲经济发达国家采取的也是第一种模式（刘三江等，2015）。

标准化体系由标准体系、管理体系和运行机制构成，标准体系由标准集合构成，管理体系是标准化工作中需要遵循的制度，运行机制是标准化过程中贯彻的方式和方法。

标准体系为标准的实施和制修订进行规划，并提供依据，既是标准化的顶层设计工作，又是标准化的基本建设工作（麦绿波，2011）。《标准体系构建原则和要求》GB/T 13016—2018中对标准体系的定义是："一定范围内标准按其内在联系形成一个科学有机整体。"标准体系可以从不同的维度来对标准进行分类，例如，级别维、层次维、门类维、性质维等。

标准体系使用标准体系框架图和标准体系表来表示其结构层次，标准体系的各项子体系和标准的结构关系主要由体系框架图反映，标准体系的各项标准制定状态由标准体系表展现。标准体系的相关概念之间的关系如图9所示。

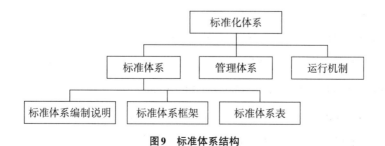

图9　标准体系结构

　　标准体系是存在内在联系，相互依存、相互制约、相互补充和衔接成有机整体的多项标准。建立健全标准体系，有利于实现该领域标准结构优化、数量合理、全面覆盖、减少重复和矛盾，达到以最小的资源投入获得最大的标准化效果的目的。标准、标准化、标准体系、标准化组织之间的关系如图10所示。

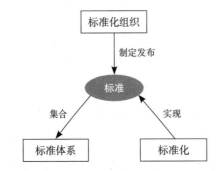

图10　标准、标准化、标准体系、标准化组织关系图

3.2 国际公共厕所标准化发展现状

　　ISO是标准化领域中的一个国际性非政府组织，也是当前国际层面最为活跃的标准化组织之一。ISO一直以来致力于促进全世界标准化工作的开展，其制定的标准性质包括试验方法、术语、规格、性能要求等。ISO制定了一些厕所相关标准，多侧重于后端的废物管理，最有代表性的是关于饮用水和废水服务的《ISO 24510：2007 Activities relating to drinking water and wastewater services－Guidelines for the assessment and for the improvement of the service to users（与饮用水和废水处理服务有关的活动——评估和改进对用户服务的准则）》《ISO 24511：2007 Activities relating to drinking water and wastewater services－Guidelines for the management of wastewater utilities and for the assessment of wastewater services（与饮用水和废水处理服务有关的活动——废水公用事业管理和废水服务评估准则）》《ISO 24521：2016 Activities relating to drinking water and wastewater services－Guidelines for the management of basic on-site domestic wastewater services（与饮用水和废水处理服务有关的活动——基本现场生活废水服务管理准则）》三个系列标准以及关于无下水道厕所的《ISO 30500：2018

Non-sewered sanitation systems－Prefabricated integrated treatment units－General safety and performance requirements for design and testing（无下水道卫生系统–预制集成处理单元–设计和试验的一般安全和性能要求）》和关于无下水道厕所粪便处理的《ISO 31800：2020 Faecal sludge treatment units－Energy independent，prefabricated，community-scale，resource recovery units－Safety and performance requirements（粪污处理装置的自主能源、预制式、社区规模资源回收装置的安全和性能要求）》。ISO 24510 主要规定了用户服务评估标准，为满足用户需求和期望提供了指导。ISO 24511 主要为废水设施管理和废水服务评估提供了指导，该标准涉及整个废水系统，适用于任何级别的系统，例如坑式厕所、现场系统、污水管网系统等。ISO 24521 为基本现场废水处理服务的管理提供了指导，主要指家庭生活废水，从运营商和用户角度制定基本现场生活污水处理服务管理指南，指导基本现场生活污水系统的设计和施工以及相关操作、维护技术、健康和安全问题。ISO 24510、ISO 24511、ISO 24521 分别涉及厕所的用户、厕所处理实施的管理、现场厕所的废水系统。ISO 30500 是关于无下水道卫生系统的标准，主要是针对产品的安全和性能要求，包括无下水道公共厕所。ISO 31800 是关于粪便污泥处理装置的标准，主要针对产品的安全和性能要求。这里的处理装置是指社区规模（1 000～1 000 000 人），主要处理粪便污泥，能够在无下水道环境中运行，是预制的，具有资源回收能力（例如回收能源，可重复使用的水，土壤改良产品）。

此外，ISO 也发布了《ISO 17775：2006 Aircraft－Ground-service connections－Potable water，toilet-flush water and toilet drain（飞机—地面服务接头—饮用水、冲厕所用水和厕所排水管）》《ISO 8099：2000 Small craft－Toilet waste retention systems（小型船舶—卫生间废弃物滞留系统）》《ISO 19026：2015 Accessible design－Shape and color of a flushing button and a call button，and their arrangement with a paper dispenser installed on the wall in public restroom（无障碍设计—冲厕按钮和应急按钮的形状和颜色）》，以及它们与安装在公共厕所墙壁上的厕纸机的布置，《ISO 19029：2016 Accessible design－Auditory guiding signals in public facilities（无障碍设计—公共设施中的听觉引导信号）》。ISO 公共厕所有关标准的特点是更强调标准的技术属性，针对公共厕所本身并没有像其

他国家的标准那样做过多的规定。

欧洲国家英国、美国、德国和亚洲国家日本在市容环卫标准化方面一直处于领先地位,在厕所方面均建立了相对系统全面的法规标准(许章华等,2015)。美国、英国、德国是以民间标准化为主导,具有体系比较健全、数量庞大的社会团体标准(刘三江等,2015),其采取的是技术法规与技术标准相结合的管理体制,常通过标准对产品质量、方法进行规定。

欧洲国家公共厕所的建设和管理标准对于公共厕所设置、布局和设计有着详细的规定,并且具有对公共厕所设置和使用情况的评价内容。例如,英国标准《BS 6465－4：2010 Sanitary installations. Code of practice for the provision of public toilets(卫生设施,提供公共厕所的实务守则)》提出的厕位数量计算公式将潜在用户数、使用设施的时间和测量的时间段都规定在内,同时该标准第10条明确了婴幼儿和无障碍设施的设计规定;德国标准《VDI 3818－2008 Public sanitary facilities(公共卫生间)》对公厕的规划和实施提出了一系列要求:①公厕要考虑到德国民众不断提高的生活水平,符合各方面的卫生要求,使得公厕各项设施具备灵活实用、清晰可见的功能;②公厕还应节水节能,在安装方面经济实惠。在对公厕进行新建、扩建或者改造、实施公厕现代化方面,都要考虑这些因素。该公厕标准对公厕的建筑师、业主、规划师、所有者以及施工方提出了一系列要求;德国标准《VDI 6008 Barrier-free buildings－Pictorial signs and pictorially used characters(无障碍建筑—图形符号和图形用户名)》是有关无障碍公厕的标准,对公厕的尺寸以及内部空间(如门、通道等)和设施都有详细的规定。德国工业标准《DIN 18040 Specifications for marking stair treads(标记楼梯踏面的规范)》对无障碍建筑的规划原则、公厕及公厕的活动区域进行了规定。其中,公厕标准配置要求包括洗手装置、尿布台、报警紧急呼叫、操作安全且方便的传感器开关、对使用时间进行限制的开关、强大的通风和加热系统等(严陈玲、袁冬海,2021)。美国标准基本上对前端厕所便器进行规定,比如《ANSI Z124.4－1996 Plastic Water Closet Bowls And Tanks(塑料抽水马桶坐式便缸和水箱)》《ANSI Z124.5－1997 Plastic Toilet(Water Closets)Seats(塑料马桶(抽水)座)》《ASME A112.19.10－1994 Dual flush devices for water closets(抽水马桶双冲装置)》《ASME A112.19.6—1995 Hydraulic requirements for water closets and urinals－Plumbing（马桶和小便池冲水性能要求）》等。

日本以政府为主导，政府制定的标准占大部分（郭骞等，2016），这一点与我国类似。日本编制公共厕所标准的出发点更多是效率考量和人文关怀，为提升国家公共厕所建设效率提供依据，也促进了公共资源共享的公众理念的建立。

20世纪80年代，日本成功研制出可用于处理粪便污水和生活杂排水的家用净化槽，并于1983年5月制定了《净化槽法》来推广净化槽的使用（李捷等，2020）。日本厕所设计注重细节，以人为本，给如厕人员带来最便利、舒适的使用环境，并且注重隐私的保护。同时日本家居卫浴企业在相关领域的研究对日本公厕设计、设施规范等标准确立具有重要贡献，例如骊住（LIXIL）发布的《高龄者居住设施》、东陶（TOTO）发布的《无障碍书》为公厕行业提供了无障碍设计的宝贵经验。对于社会厕所对外开放有着详细的申请流程、设施配备和维护管理要求，并对补贴费用的申请和金额进行了详细规定，如《京都市旅游厕所设置纲要（京都府）》等（方海洋、马文琪，2019）。2020年8月，为了迎接东京奥运会的到来，由日本慈善机构财团打造的"东京公厕"（The Tokyo Toilet）计划（全名为"东京涩谷公厕美学计划"）项目正式拉开序幕。该项目邀请了16位日本各个领域的设计大师（如阪茂、安藤忠雄、隈研吾等）对奥运会举办地"东京涩谷"17个地方的厕所进行改造设计，以打破民众对于公共厕所普遍"脏乱差"的刻板印象，提高城市形象和解决外国游客多厕所不够用的问题（钱凤德等，2021）。

3.3 我国公共厕所标准分析与解读

3.3.1 标准现状研究

通过全国标准信息公共服务平台、工标网等网站的数据检索，目前与国内公共厕所直接相关的标准共有75项，其中国家强制性标准2项，国家推荐性标准5项，行业标准12项，地方标准46项。其中省级行政单位的标准31项，省级市的标准7项，地级市的标准8项，团体标准10项。标准基本信息见表5～表10。

通过梳理公共厕所现行标准，在数量上，地方标准相对较多，国家标准、行业标准、团体标准较少。在内容上，有如下标准：

（1）国家标准：《旅游厕所质量等级的划分与评定》GB/T 18973—2016和《农村公共厕所建设与管理规范》GB/T 38353—2019分别规定了旅游厕所和农村公共厕所的建设与管理；《公共厕所卫生规范》GB/T 17217—2021规定了公共厕所的规划、设计、建造、管理的卫生要求和卫生学评价指标与阈值；《免水冲卫生厕所》GB/T 18092—2008是产品标准，该标准规定了打包式厕所和泡沫式厕所的产品性能要求、试验方法、检验规则等。

（2）行业标准：关于城市公共厕所设计，住房和城乡建设部发布了城镇建设工程行业标准《城市公共厕所设计标准》CJJ 14—2016，该标准对城市公共厕所的设计作出了详细的规定，包括公共厕所的分类、厕位数及厕位比例以及其他卫生设施等，还分别对固定式公共厕所和活动式公共厕所的设计进行了详细规定。关于公共厕所图形符号标志标识标准，住房和城乡建设部也发布了城镇建设工程行业标准《环境卫生图形符号标准》CJJ/T 125—2008来规范指导如厕标识，该标准对公共厕所的厕间、便器、冲水、洗手等图形标志进行了规定，对水冲式厕所、旱式公共厕所、临时厕所、活动厕所、化粪池、倒粪站点等公共厕所相关的环境卫生设施的图例进行了约束，主要目的是通过统一的标志，引导人们顺利如厕。关于规划布局，主要根据国家标准《城市环境卫生设施规划标准》GB/T 50337—2019和行业标准《环境卫生设施设置标准》CJJ 27—2012的规定进行建设，两个标准对公共厕所的设置间距和设置密度均作了规定，行业标准规定的内容更详细一些。汽车、铁道、船舶、公安、民政、旅游行业也制定了适应行业发展的公共厕所标准。

（3）地方标准：公共厕所地方标准大多为建设与管理标准，但是并不是所有的省份都发布了该类标准，目前公共厕所没有统一的建设与管理标准。重庆、山西、浙江、江苏以及咸宁还发布了公共厕所新型冠状病毒肺炎疫情防控消毒技术指南，使疫情下使用公共厕所更安全。北京、浙江、山东、江苏发布了农村公共厕所建设与管理地方标准来指导当地农村的公共厕所建设管理。

（4）团体标准：目前，我国标准化工作改革的总体目标是建立政府主导制定的标准与市场自主制定的标准协同发展、协调配套的新型标准体系。然而，团体标准刚刚兴起，2019年发布了三个农村公共厕所团体标准，同时，还发布了医院厕所、餐饮业客用卫生间、幼儿如厕规范等小众标准。2022年中国城市环境卫生协会组织编写的《城市公共厕所等级评价标准》已完成征求意见稿，该标准从两个角度——工程建设和维护管养来评价城市公共厕所，适用于独立式和附属式城市公共厕所的等级评价。团体标准在于搞创新，我国鼓励协会等社会团体发布适应市场经济发展的团体标准。

公共厕所现行国家标准　　　　　表5

	现行标准号	标准名称	发布部门	实施日期
1	GB 55013—2021	市容环卫工程项目规范	住房和城乡建设部	2022年1月1日
2	GB 50763—2012	无障碍设计规范	住房和城乡建设部	2012年9月1日
3	GB/T 50337—2018	城市环境卫生设施规划标准	国家市场监督管理总局、住房和城乡建设部	2019年4月1日
4	GB/T 38353—2019	农村公共厕所建设与管理规范	国家市场监督管理总局、国家标准化管理委员会	2019年12月31日
5	GB/T 18973—2016	旅游厕所质量等级的划分与评定	国家质量监督检验检疫总局、国家标准化管理委员会	2016年8月29日
6	GB/T 17217—2021	公共厕所卫生规范	国家市场监督管理总局、国家标准化管理委员会	2021年10月1日
7	GB/T 18092—2008	免水冲卫生厕所	国家质量监督检验检疫总局、国家标准化管理委员会	2009年8月1日

公共厕所现行行业标准　　　　　表6

	现行标准号	标准名称	发布部门	实施日期
1	CJJ/T 125—2008	环境卫生图形符号标准	住房和城乡建设部	2009年5月1日
2	CJJ 27—2012	环境卫生设施设置标准	住房和城乡建设部	2013年5月1日
3	CJJ 14—2016	城市公共厕所设计标准	住房和城乡建设部	2016年12月1日
4	LB/T 071—2019	可持续无下水道旅游厕所基本要求	文化和旅游部	2019年8月1日
5	QC/T 768—2006	客车冲水式卫生间	国家发展改革委	2007年5月1日
6	TB/T 3338—2013	铁道客车及动车组集便装置	铁道部	2013年9月1日
7	TB/T 3337—2013	铁道客车及动车组整体卫生间	铁道部	2013年9月1日
8	MZ/T 011.6—2010	救灾帐篷第6部分：厕所帐篷	民政部	2010年3月15日
9	GA 1052.7—2013	警用帐篷第7部分：厕所帐篷	公安部	2013年4月1日
10	CB/T 3723—2014	船用卫生单元	工业和信息化部	2014年10月1日
11	CJ/T 378—2011	活动厕所	住房和城乡建设部	2012年5月1日
12	HJ 1160—2021	环境标志产品技术要求无下水道卫生系统	生态环境部	2021年4月23日
13	RISN-TG004—2008	公共厕所设计导则	住房和城乡建设部	2008年5月1日

省级行政单位的公共厕所现行地方标准　　　　　表7

	标准编号	标准名称	发布部门	实施日期
1	DB11/T 190—2016	公共厕所建设规范	北京市质量技术监督局	2016年12月1日
2	DB11/T 356—2017	公共厕所运行管理规范	北京市质量技术监督局	2018年1月1日
3	DB11/T 597—2018	农村公厕、户厕建设基本要求	北京市质量技术监督局	2019年4月1日
4	DG/TJ 08-401—2016	公共厕所规划和设计标准	上海市住房和城乡建设管理委员会	2017年5月1日
5	DB31/T 525—2011	公共厕所保洁质量和服务要求	上海市质量技术监督局	2011年5月1日
6	DB50/T 1218—2022	城市公共厕所智能化系统技术规范	重庆市市场监督管理局	2022年7月1日
7	DB50/T 987—2020	公共厕所新冠肺炎疫情防控技术指南	重庆市市场监督管理局	2020年3月5日
8	DB33/T 2241.8—2020	新冠肺炎疫情防控技术指南　第8部分：公共厕所	浙江省市场监督管理局	2020年2月29日
9	DB33/T 1210—2020	城市公共厕所建设与管理标准	浙江省住房和城乡建设厅	2020年12月1日
10	DB33/T 1151—2018	浙江省农村公厕建设改造和管理服务规范	浙江省住房和城乡建设厅	2018年5月1日
11	DB37/T 2732—2015	农村中小学标准化校舍改造建设规范：学校厕所	山东省质量技术监督局	2016年1月14日
12	DB37/T 3865—2020	农村公厕建设与管理规范	山东省市场监督管理局	2020年4月16日
13	DB22/T 2135—2014	循环水生态卫生间	吉林省质量技术监督局	2014年11月30日
14	DB14/T 1815—2019	旅游景区厕所清洁服务规范	山西省市场监督管理局	2019年6月15日
15	DB14/T 1984.2—2020	新型冠状病毒肺炎疫情防控消毒技术指南　第2部分：公共场所	山西省市场监督管理局	2020年2月14日
16	DB14/T 1816—2019	乡村旅游厕所服务要求	山西省市场监督管理局	2019年6月15日
17	DB32/T 2934—2016	农村（村庄）公共厕所管理与维护规范	江苏省质量技术监督局	2016年6月20日
18	DB32/T 3761.10—2020	新型冠状病毒肺炎疫情防控技术规范　第10部分：公共厕所	江苏省市场监督管理局	2020年2月25日
19	DB63/T 1767—2019	青海省公共厕所管理与服务规范	青海省住房和城乡建设厅，青海省质量技术监督局	2020年1月6日

续表

	标准编号	标准名称	发布部门	实施日期
20	DB63/T 1683—2018	青海省农牧区公共厕所工程建设标准	青海省住房和城乡建设厅，青海省质量技术监督局	2018年9月10日
21	DB34/T 3003—2016	乡村旅游厕所管理与服务要求	安徽省质量技术监督局	2016年3月2日
22	DB13/T 1163—2009	公共厕所服务管理规范	河北省质量技术监督局	2009年11月9日
23	DB43/T 1715—2019	乡村旅游厕所建设与服务管理规范	湖南省市场监督管理局	2020年3月1日
24	DBJ 16—2010	海南省公共厕所管理及保洁服务标准	海南省住房和城乡建设厅	2010年6月28日
25	DB52/T 881.3—2014	镇远古镇旅游 第3部分：公共厕所管理规范	贵州省质量技术监督局	2014年10月13日
26	DB51/T 2696—2020	四川省公共厕所信息标志标准	四川省市场监督管理局	2020年8月1日
27	DBJ/T 15-189—2020	广东省公共厕所设计标准	广东省住房和城乡建设厅	2020年10月1日
28	DB65/T 3464—2013	新疆旅游厕所管理工作规范	新疆维吾尔自治区质量技术监督局	2013年2月1日
29	DB65/T 3465—2013	新疆旅游厕所保洁服务规范	新疆维吾尔自治区质量技术监督局	2013年2月1日
30	DB45/T 2067—2019	美丽乡村 无害化公共卫生厕所建设与维护规范	广西壮族自治区市场监督管理局	2020年1月30日
31	DB45/T 1740—2018	旅游厕所保洁服务规范	广西壮族自治区质量技术监督局	2018年5月20日

省级市的公共厕所现行地方标准 表8

	标准编号	标准名称	发布部门	实施日期
1	DB3301/T 74—2019	公共厕所保洁与服务规范	杭州市市场监督管理局	2019年8月30日
2	DB3301/T 0235—2018	城市公共厕所设置标准	杭州市质量技术监督局	2018年8月10日
3	DB3301/T 0248—2018	智能化旅游厕所建设与管理导则	杭州市质量技术监督局	2018年12月10日
4	DB6101/T 3010—2018	公共厕所管理与服务规范	西安市质量技术监督局	2018年6月5日
5	DB4403/T 23—2019	公共厕所建设规范	深圳市市场监督管理局	2019年8月1日
6	DB4401/T 15—2018	公共厕所建设与管理规范	广州市市场监督管理局	2019年2月1日
7	DB3302/T 1081—2018	公共厕所保洁与服务规范	宁波市质量技术监督局	2018年6月21日

地级市的公共厕所现行地方标准　　　　　表9

	标准编号	标准名称	发布部门	实施日期
1	DB5115/T 21—2020	公共厕所运行管理规范	宜宾市市场监督管理局	2020年7月1日
2	DB5115/T 23—2020	中小学校及幼儿园厕所建设管理规范	宜宾市市场监督管理局	2020年7月1日
3	DB5115/T 20—2020	公共厕所分类建设基本要求	宜宾市市场监督管理局	2020年7月1日
4	DB5115/T 24—2020	竹结构装配式公共厕所	宜宾市市场监督管理局	2020年7月1日
5	DB5115/T 25—2020	"厕所革命"综合考核评价规范	宜宾市市场监督管理局	2020年7月1日
6	DB4212/T 11—2020	新冠肺炎疫情防控技术指南公共厕所（试行）	咸宁市市场监督管理局	2020年3月13日
7	DB3306/T 044—2022	城市公共厕所智慧化建设规范	绍兴市市场监督管理局	2022年4月26日
8	DB3708/T 4—2021	城市公共厕所保洁服务规范	济宁市市场监督管理局	2021年7月7日

公共厕所现行团体标准　　　　　表10

	现行标准号	标准名称	协会名称	实施日期
1	T/ZS 0051—2019	农村公共厕所改造与管理规范	浙江省产品与工程标准化协会	2019年8月20日
2	T/ZS 0050—2019	农村公共厕所改造评价标准	浙江省产品与工程标准化协会	2019年8月20日
3	T/LJH 014—2019	农村公共厕所管理与服务要求	辽宁省建筑节能环保协会	2019年6月20日
4	T/SHHJ 0029.1—2021	绿色公共厕所评价标准　第1部分：通则	上海市化学建材行业协会	2021年4月9日
5	T/SHWSHQ 03—2019	医院厕所服务规范	上海市卫生系统后勤管理协会	2019年9月1日
6	T/CCA 004.3—2018	餐饮业客用卫生间清洁卫生	中国烹饪协会	2019年1月1日
7	T/CASME 003—2018	化粪池清洁与维护服务规范	中国中小商业企业协会	2018年12月1日
8	T/QXLY 004—2019	清溪镇乡村旅游厕所管理规范	东莞市清溪旅游协会	2019年12月30日
9	T/SYMBJY 103.76—2018	幼儿园幼儿如厕规范	沈阳市民办教育协会	2018年11月21日
10	T/GZBC 56.1—2021	智慧公共厕所建设规范　第1部分：管理系统建设通用技术要求	广州市标准化促进会	2021年12月10日

3.3.2 公共厕所现行标准五大维度对比

根据公共厕所标准主体内容的不同，将标准的内容划分为五类：综合通用、规划设计、设施设备、建设验收和管理管护，依次对涉及公共厕所的国家标准、行业标准、地方标准和团体标准依据上述五大类型及标准所适用的范围做出分类整理，国家标准见表11，行业标准见表12，地方标准见表 13，团体标准见表14。

1.国家标准

国家标准的定位为基础通用，在全国范围内规定统一的技术要求，对行业发展起引领作用。《市容环卫工程项目规范》GB 55013—2021中对城市和农村公共厕所的选址、服务半径、厕位要求以及环境保护等方面给出了强制规定。《公共厕所卫生规范》GB/T 17217—2021针对城市公共厕所、农村公共厕所、旅游公共厕所的规划、设计、建设和管理做出了详细的推荐，对上述三种厕所的新建、改建和扩建提出了普遍适用的要求和评价指标。

除了通用的规范要求外，对于上述三种不同应用场景的公共厕所，根据其主要特征和短板，有针对性和侧重点地提出了相应的国家标准，例如，《城市环境卫生设施规划标准》GB/T 50337—2018重点给出了城市公共厕所建设密度、选址要求、用地面积的规范和要求，根据城市不同功能区的实际需求做出相应的调整。《农村公共厕所建设与管理规范》GB/T 38353—2019则对农村公共厕所的建设要求和管理管护做出了详细的规定，例如在公共厕所建设方面，针对厕所选址、室内和室外设计、给水排水系统、粪污处理系统等角度提出相应的规范，在管理管护方面，重点强调了对维护人员的管理和保洁工作的服务质量，针对农村地区管理能力较弱的特点，给出了详细的参考依据。与城市公共厕所和农村公共厕所不同，《旅游厕所质量等级的划分与评定》GB/T 18973—2016提出了对旅游厕所等级的划分和评定依据，从设计建设、环境保护和管理服务三个方面进行考量，将厕所划分为A级、AA级和AAA级三个等级，旨在提高旅游厕所的建设管理水平，提高旅游厕所文明程度。

特殊需求下的厕所类型，如免水冲厕所、无障碍厕所，也出台了相应的国家标准加以规范，然而对于公共厕所中的术语、符号、分类等综合通用类内容，缺

表11　国家标准五大维度分类

	现行标准号	标准名称	综合通用	规划设计	设施设备	建设验收	管理管护	适用范围
1	GB/T 18092—2008	免水冲卫生厕所	—	—	免水冲厕所通用结构设计	—	—	免水冲卫生厕所
2	GB 50763—2012	无障碍设计规范	—	—	公共厕所无障碍设计	—	—	城市公共厕所
3	GB/T 18973—2016	旅游厕所质量等级的划分与评定	—	厕所选址、建筑面积、厕位数量及布局	便器、配套设施、室内设计、家庭卫生间	—	管理制度、保洁人员、管理服务质量、物品寄存、手机充电等服务	旅游公共厕所
4	GB/T 50337—2018	城市环境卫生设施规划标准	—	厕所密度设置、厕所选址	—	—	—	城市公共厕所
5	GB/T 38353—2019	农村公共厕所建设与管理规范	—	厕所选址、厕所室内、室外设计、粪污处理	卫生器具、无障碍设施、标志标牌	建筑装饰、卫生设施、给水、排水系统、卫生器具的建设验收	制度建设、人员管理、保洁维护	农村公共厕所
6	GB/T 17217—2021	公共厕所卫生规范	—	规划布局、厕所规模、厕所类型、厕所平面设计	基本设施、扩展设施	—	粪污管理、保洁、设施卫生管理	城市、乡村、旅游景区、高速公路服务区
7	GB 55013—2021	市容环卫工程项目规范	—	厕所选址、服务半径、男女厕位比例	—	—	—	城市、农村公共厕所

表12

行业标准五大维度分类

	现行标准号	标准名称	综合通用	规划设计	设施设备	建设验收	管理管护	适用范围
1	CJJ/T 125—2008	环境卫生图形符号标准	环境卫生公共图形标志、设施图例、机械与设备图形符号、应急图形标志	—			—	公共厕所
2	CJJ 27—2012	环境卫生设施设置标准	—	公厕密度、间距，服务对象、粪污排放要求	—	—	—	城乡公共厕所
3	CJJ 14—2016	城市公共厕所设计标准	—	服务对象、厕位比例	卫生设施、卫生洁具、卫生设备安装、无障碍设施	—	—	城市公共厕所
4	CJ/T 378—2011	活动厕所	厕所分类标记	—	结构、外观、粪便收集处置、自动控制、采光、照明	出厂检验规则	—	活动厕所
5	LB/T 071—2019	可持续无下水道旅游厕所基本要求	—	选址、厕体类型选择	厕具要求	—	保洁、维修、清运、管理制度	旅游厕所
6	QC/T 768—2006	客车冲水式卫生间	—	卫生间尺寸要求、室内设计、通风系统	卫生设施、卫生洁具、配套设施	检验规则（出厂检验、型式检验）、包装运输贮存	—	客车冲水卫生间
7	TB/T 3338—2013	铁道客车及动车组集便装置	—	装置组成与型式、技术要求（基本要求、集便装置、真空组件、污物箱）	—	检验方法（强度、性能、排污量等）、检验规则（出厂检验、型式检验）、包装运输贮存	—	铁道客车及动车组集便装置、其他轨道车辆集便装置

续表

	现行标准号	标准名称	综合通用	规划设计	设施设备	建设验收	管理管护	适用范围
8	TB/T 3337—2013	铁道客车及动车组整体卫生间	—	结构、材料、卫生间内设施要求	—	检验方法（外观、功能、强度等）、出厂检验、型式检验、包装运输贮存	—	铁道客车及动车组卫生间
9	CB/T 3723—2014	船用卫生单元	—	卫生单元结构、尺寸、设计、材料要求	—	检验方法（强度、性能等）、检验规则（出厂检验、型式检验）、标志包装运输和贮存	—	船舶、海上建筑物卫生单元
10	MZ/T 011.6—2010	救灾帐篷 第6部分：厕所帐篷	—	设计要求（样式结构、尺寸、材料、质量）	—	试验方法（材料检验、外观检验、性能检验、标志与包装）、检验规则（首件检验、验收检验、质量一致性检验）、标志包装运输和贮存	—	救灾专用厕所帐篷
11	GA 1052.7—2013	警用帐篷 第7部分：厕所帐篷	—	设计要求（样式结构、尺寸、材料、工艺、质量）	—	试验方法（结构尺寸检验、颜色检验等）、检验规则（型式检验、质量一致性检验、交收检验）、标志包装运输和贮存	—	警用厕所帐篷

地方标准五大维度分类

表13

序号	标准号	标准名称	综合通用	规划设计	设施设备	建设验收	管理管护	适用范围
1	DB11/T 190—2016	公共厕所建设规范	—	—	—	—	—	—
2	DB11/T 356—2017	公共厕所运行管理规范	—	厕所外部环境、厕内环境、墙面地面、厕位	照明、除臭等设备、标识标牌	—	服务要求、安全要求、维护要求、检查要求、台账	城镇化管理地区公共厕所
3	DG/TJ 08-401—2016	公共厕所规划和设计标准	—	规划选址、服务半径、占地面积、设计、厕位比例与数量、第三卫生间、给水排水、粪污	洗手池、通风设施	—	—	城市公共厕所
4	DB31/T 525—2011	公共厕所保洁质量和服务要求	—	—	—	—	保洁服务、质量要求、公厕标志及导向标志	城市公共厕所
5	DB 50/T 987—2020	公共厕所新冠肺炎疫情防控技术指南	—	—	配套设施	—	疫情防控措施、作业管理(消毒、保洁、粪便与垃圾)、厕纸、宣传引导、信息管理	城市公共厕所
6	DB33/T 2241.8—2020	新冠肺炎疫情防控技术指南 第8部分：公共厕所	—	—	—	—	疫情防控措施、作业管理(消毒、保洁、粪便与垃圾)、厕纸、宣传引导、信息管理	城市公共厕所

续表

	标准号	标准名称	综合通用	规划设计	设施设备	建设验收	管理管护	适用范围
7	DB33/T 1210—2020	城市公共厕所建设与管理标准	—	规划、建筑设计、给水排水、通风系统、无障碍设施、标识系统、排污系统、厕位数量与比例	—	验收规范	人员、保洁、维护、粪便处理、安全	城市公共厕所
8	DB33/T 1151—2018	浙江省农村公厕建设改造和管理服务规范	—	规划选址、土建设施、给水排水、电气	—	改造要求	维护巡检、保洁服务范围	农村公共厕所
9	DB37/T 2732—2015	农村中小学标准化校舍改造建设规范：学校厕所	卫生学评价指标和限值	规划布局、规模、平面设计	前端处理、内部设施	—	—	学校公共厕所
10	DB37/T 3865—2020	农村公厕建设与管理规范	—	规划选址、土建设施、给水排水、电气、粪污处理	—	施工要求、粪污排放管理、厕所卫生管理	设施设备管理、卫生管理、服务质量、卫生监测	农村公共厕所
11	DB14/T 1815—2019	旅游景区厕所清洁服务规范	—	—	—	—	服务人员、清洁规范、应急处置、检查与记录	旅游厕所
12	DB14/T 1984.2—2020	新型冠状病毒肺炎疫情防控消毒技术指南 第2部分：公共场所	—	—	—	—	消毒对象、消毒方法	公共厕所
13	DB14/T 1816—2019	乡村旅游厕所服务要求	—	—	—	—	—	—

续表

	标准号	标准名称	综合通用	规划设计	设施设备	建设验收	管理管护	适用范围
14	DB32/T 2934—2016	农村(村庄)公共厕所管理与维护规范	—	—	防臭、冲水设施、化粪池要求	—	维护、考核及满意度调查	农村公共厕所
15	DB32/T 3761.10—2020	新型冠状病毒肺炎疫情防控技术规范 第10部分：公共厕所	—	—	—	—	保洁维护、杀菌消毒、厕纸处置、粪池清运储、防疫宣传、物资配置、人员防护	公共厕所
16	DB63/T 1767—2019	青海省公共厕所管理与服务规范	公厕管理与服务等级划分	—	—	—	厕所管理维修、安全、智能化、保洁、服务时间、监督考核	城镇公共厕所、农牧区公共厕所、交通厕所、旅游厕所
17	DB63/T 1683—2018	青海省农牧区公共厕所工程建设标准	—	选址与设置标准、建筑、结构、给水排水、电器、供暖通风、保温节能、卫生、无障碍设计、无害化设计	可再生能源利用	环境保护与安全生产、施工与验收	使用与维护、粪便无害化效果监测与管理	农牧区公共厕所
18	DB34/T 3003—2016	乡村旅游厕所管理与服务要求	—	选址要求	标识标牌	—	管理制度、保洁、服务时间、设备维护、导向系统、应急措施	乡村旅游厕所
19	DBJ61T 76—2013	农村基础设施技术规范	选址	男女蹲位比例、服务半径、服务人数、无障碍设计	化粪池选型、无障碍设施、洗手盆	建造材料要求、建设设计要求、施工要求、质量验收	卫生管理、监督管理	农村公共厕所

续表

	标准号	标准名称	综合通用	规划设计	设施设备	建设验收	管理管护	适用范围
20	DB13/T 1163—2009	公共厕所服务管理规范	—	—	—	—	服务提供种类、设施维护、保洁人员、维护、保洁	城镇公共厕所、风景名胜区公共厕所
21	DB43/T 1715—2019	乡村旅游厕所建设与服务管理规范	—	选址、厕位、污水排放	便器、辅助设施、通风设施、标识标牌	—	清洁卫生要求、粪便处理、开放时间、维护、管理制度	乡村旅游厕所
22	DB52/T 881.3—2014	镇远古镇旅游 第3部分：公共厕所管理规范	室内标志设计、室外标志设计、标志位置要求	—	—	—	保洁质量与作业要求、设备设施维护维修	旅游厕所
23	DB51/T 2696—2020	四川省公共厕所信息标志标准	—	—	—	—	—	公共厕所
24	DBJ/T 15-189—2020	广东省公共厕所设计标准	—	规划设计、设施布局	室内设计与标识、第三卫生间、母婴室、无障碍厕所、空气调通风除臭设备、电气设备	—	—	城镇、乡村公共厕所
25	DB65/T 3464—2013	新疆旅游厕所管理工作规范	—	—	—	—	建设管理、常态管理、监督管理	旅游厕所
26	DB65/T 3465—2013	新疆旅游厕所保洁服务规范	—	—	—	—	保洁服务范围与质量、设施设备管理、保洁用品与程序、保洁员操作规范、保洁员职责	旅游厕所

续表

	标准号	标准名称	综合通用	规划设计	设施设备	建设验收	管理管护	适用范围
27	DB45/T 2067—2019	美丽乡村无害化公共卫生厕所建设与维护规范	—	规划设计、粪污处理	—	—	日常维护、厕污管理、化粪池维护、沼气池维护	乡村公共厕所
28	DB45/T 1740—2018	旅游厕所保洁服务规范	—	—	—	—	服务人员、清洁流程、应急处理	旅游厕所
29	DB6101/T 3010—2018	公共厕所管理与服务规范	—	—	标识标志	—	保洁质量要求、保洁作业要求	公共厕所
30	DB4403/T 23—2019	公共厕所建设规范	—	厕所设置间距、厕位比例和数量、平面布局、功能区划分	照明、标志导向系统、装修与安装	—	—	城市公共厕所
31	DB4403/T 182—2021	医疗卫生机构卫生间建设与管理指南	—	位置规划、厕位数量与比例、功能分区布局、给水排水系统	电气、通风换气、智能化、给水排水、便器	施工与验收、智慧化建设、设备安装与验收	感染控制管理、清洁与消毒、粪污处理、应急管理	医疗卫生机构厕所
32	DB4401/T 15—2018	公共厕所建设与管理规范	公共厕所类别	—	—	设施设备安装与验收	管理职责要求、保洁、设施管养、应急管理	公共厕所
33	DB3301/T 0235—2018	城市公共厕所设置标准	—	规划布局、平面设计、厕位比例、排污系统	采光通风和除臭、无障碍设施、标识	—	—	城市公共厕所
34	DB3301/T 0248—2018	智能化旅游厕所建设与管理导则	—	智能服务系统建设、智能化管理系统建设	—	—	—	旅游厕所
35	DB3301/T 74—2019	公共厕所保洁与服务规范	—	—	配套设施、标识标牌	—	管理要求、保洁要求、设施设备维护、监督与评价	城市公共厕所

续表

序号	标准号	标准名称	综合通用	规划设计	设施设备	建设验收	管理管护	适用范围
36	DB3302/T 1081—2018	公共厕所保洁与服务规范	—	—	—	—	—	—
37	DB5115/T 21—2020	公共厕所运行管理规范	—	—	—	—	人员管理规范、保洁维护、设施设备管理、安全与应急、信息公开、监督评价	公共厕所
38	DB5115/T 20—2020	公共厕所分类建设基本要求	—	规划设置、厕位比例与数量、布局、通风、给水排水、供配电系统、标志和导向系统	洗手盆、卫生器具、辅助设施、第三卫生间、母婴厕位	—	—	城市公共厕所
39	DB5115/T 23—2020	中小学校及幼儿园厕所建设管理规范	—	选址、数量、采光、通风、无害化处理设施	标识标牌、洗手台、便器、垃圾桶、工具间	材料与施工	制度、人员、保洁维护、宣传、监督检查	学校厕所
40	DB5115/T 24—2020	竹结构装配式公共厕所	—	—	—	组件制作、安装、施工	管理维护	竹结构装配式公共厕所
41	DB4212/T 11—2020	新冠肺炎疫情防控技术指南 公共厕所(试行)	—	—	—	—	防控措施、作业管理(人员防护、保洁维护、杀菌消毒、厕纸处理、粪便处置(清理、收运)、宣传引导、防控信息管理、防控监督检查	公共厕所

续表

序号	标准号	标准名称	综合通用	规划设计	设施设备	建设验收	管理管护	适用范围
42	DB3708/T 4—2021	城市公共厕所保洁服务规范	—	—		—	保洁服务内容及质量、窗口单位附设公共厕所和社会对外开放卫生间通用要求、标识管理、人员要求、安全应急反应、档案与记录管理、监督和评价	城市公共厕所
43	DB3306/T 044—2022	城市公共厕所智慧化建设规范	—	—	设施设备建设要求、智慧化要求（空气监测与调整、厕位监测、卫生消杀、资源消耗、安全防范、信息交互、管理与集成控制）		管理制度、人员管理、日常管理、信息安全管理、监督管理、档案管理	城市公共厕所
44	DB50/T 1218—2022	城市公厕智能化系统技术规范	—	—	智能化系统组成与结构、功能及技术要求、智慧节能水设施、智慧公众服务分系统、智慧运营管理分系统	—	—	城市公共厕所
45	DB11/T 597—2018	农村公厕、户厕建设基本要求	—	选址、数量、服务半径、建筑设计、给水排水设计、通风设计、防冻设计	—	建设要求、安装与验收	—	农村公共厕所

团体标准五大维度分类

表14

序号	现行标准号	标准名称	综合通用	规划设计	设施设备	建设验收	管理管护	适用范围
1	T/ZS 0051—2019	农村公共厕所改造与管理规范	—	—	厕所设施、给水排水、供配电	—	管理制度建设、人员、保洁维护	农村公共厕所
2	T/ZS 0050—2019	农村公共厕所改造评价标准	公厕改造评价标准与方法	—	—	—	—	农村公共厕所
3	T/LJH 014—2019	农村公共厕所管理与服务要求	—	—	标识标牌	—	服务保障、服务提供者、服务提供和要求、监督检查	农村公共厕所
4	T/SHHJ 0029.1—2021	绿色公共厕所评价标准 第1部分：通则	厕所评价指标体系、评价等级、评价方式	—	—	—		市区、城镇绿色公共厕所
5	T/SHWSHQ 03—2019	医院厕所服务规范	—	厕位比例与数量、平面布置	设备设施要求、无障碍设施、标识室内环境	—	保洁员要求、清洁消毒、物品及用具、第三方管理要求、医院管理要求	医院厕所
6	T/CCA 004.3—2018	餐饮业客用卫生间清洁卫生	—	—	—	—	外部环境、内部环境、设施、清洁操作、消毒操作	餐饮业客用卫生间
7	T/CASME 003—2018	化粪池清洁与维护服务规范	—	—	化粪池清理作业设备	—	服务设施、人员、流程	城市公共厕所
8	T/QXLY 004—2019	清溪镇乡村旅游厕所管理规范	—	—	便器、配套设施、污水管道设施	—	保洁人员要求、管理制度和要求	乡村旅游厕所
9	T/SYMBJY 103.76—2018	幼儿园幼儿如厕规范	—	—	—	—	如厕责任人、服务内容、提供资源	幼儿园厕所
10	T/GZBC 56.1—2021	智慧公共厕所建设规范 第1部分：管理系统建设通用技术要求	—	厕所整体、室内设计	厕位、便器、配套设施、标识、导向牌	—	保洁	旅游公共厕所
11	T/XMSSAL 038—2020	餐饮业客用卫生间清洁卫生示范导则	—	外部、内部环境要求	指示牌、宣语、便池、配套设施	—	清洁要求、操作要求、消毒要求	餐饮业卫生间

失相关的国家标准。

2.行业标准

与国家标准不同，行业标准给出了具体应用场景下公共厕所的标准要求、补充国家标准综合通用类内容，体现了行业标准在国家标准的基础上补遗漏的特点。例如，针对国家标准在公共厕所术语、符号、分类等综合通用类内容的缺失问题，《环境卫生图形符号标准》CJJ/T 125—2008对公共卫生的图形标志做出补充。在国家标准的基础上，《城市公共厕所设计标准》CJJ 14—2016对城市公共厕所的室内设计、卫生设施的设置、卫生洁具的布置给出了翔实的规范。

此外，行业标准中依据更细致的应用场景和公共厕所种类做出了更具针对性的规定，例如在客车、铁道客车、船舶、救灾等特殊场景下的公共厕所，行业标准对上述公共厕所的规划、室内设计、材料要求、设施设备选型等方面做出了详细的规定。特别对于一些装配类厕所，如铁道客车及动车卫生间、船舶卫生间和厕所帐篷等，行业标准对装配类厕所的试验方法、检验标准和包装运输贮存环节做出了明确要求，规范了装配类厕所在性能测试、质量保障以及出厂运输三个环节的行为。

3.地方标准

地方标准在国家标准的基础上，为适应我国地域辽阔、地理环境不同、经济发展水平不平衡而设置。地方标准对公共厕所做出了更为细致的补充和规定，这些规定结合了当地的地域文化特色和经济发展情况，往往更具地方特色，例如《青海省农牧区公共厕所工程建设标准》DB63/T 1683—2018为青海省农牧区公共厕所的建设、施工和验收等方面提供了参考，并提倡对可再生能源的利用。《竹结构装配式公共厕所》DB5115/T 24—2020是宜宾市针对当地特有的竹结构装配厕所做出的制造、安装施工、管理规范。

随着科技的更新与进步，人工智能逐渐在公共厕所领域有所应用，公共厕所的技术、模式的创新往往优先出现在经济较为发达的地区，其发展前景还具有不确定性，地方标准可以对创新技术的发展比国家标准更为迅速地做出反馈。例如，绍兴市和重庆市针对公共厕所的智慧化和智能化系统的建设做出了规范。地方标准在国家标准的基础上，依据当地的地域、文化、经济特点对公共厕所提出更具有针对性的规定。

此外，地方标准对一些社会热点问题的反应比较迅速，例如在2019年底新冠疫情发生以来，山西省、江苏省、浙江省、重庆市、咸宁市市场监督管理局对此快速做出反应，相应出台了新冠疫情下公共厕所的疫情防控技术指南和规范，对公共厕所的保洁、消杀、人员管理、防疫宣传以及废弃物处置等方面提出了详细的规范要求，为在新冠疫情下公共厕所的安全运营提供保障。

4.团体标准

团体标准的灵活性高，具有市场性和创新性的特征，团体标准可以依据各个行业的市场需求，有针对性地对公共厕所做出相应的规范。如《医院厕所服务规范》T/SHWSHQ 03—2019在医院厕所的无障碍设施、消毒杀菌等方面做出规范；《餐饮业客用卫生间清洁卫生》T/CCA 004.3—2018重点关注餐饮行业公共厕所的清洁消毒、指示牌等方面；《幼儿园幼儿如厕规范》T/SYMBJY103.76—2018对幼儿园厕所的如厕服务提出了更为明确和细致的要求。使其尽量满足各个行业人群对公共厕所使用的需求。

3.3.3 公共厕所现行标准选址、间距、厕位数、厕位比对比

表15列出了部分现行国家标准、行业标准、地方标准及团体标准中对公共厕所建设选址、间距、厕位数及厕位比的要求。

1.公共厕所选址要求

对于公共厕所的选址，强制性国家标准《市容环卫工程项目规范》GB 55013—2021中对公共厕所的建设考虑最基本的两点是方便人们寻找与出入，以及方便粪便污水排放。不同类型公共厕所的选址要求各有不同。对于城市公共厕所，除了以上两点还需考虑到城市中公园绿地中公厕的建设需要满足环境及景观要求。农村与旅游公共厕所考虑到自然因素的影响，地质条件和主导风向也成了选址需要考虑的条件，农村公厕应选择不易积水、无地质危险地段，并且需要建立在服务区域的常年主导风向的下风向。也有地方标准因地制宜，如青海省在《青海省农牧区公共厕所工程建设标准》DB63/T 1683—2018中在国家标准的基础上提出公共厕所宜选择修建在太阳能资源丰富的地点，并保证冬季太阳能辐射集热，避免周围环境对南向窗户的遮挡。旅游公厕的建设需要与周边环境、景观协调，且不应破坏文物古迹、自然环境、景观景点。对于地点比较特殊的餐厅内

现行标准中公共厕所选址、间距、厕位数及厕位比要求

表15

现行标准号	标准名称	选址要求	间距要求	厕位数要求	厕位比要求
GB 55013—2021	市容环卫工程项目规范	公共厕所位置应方便出入、便于粪便污水排放	化粪池和贮粪池与饮用水源的卫生防护距离	根据开放时间段的如厕人数、峰值系数确定	根据男女如厕性别比例、大小便人数，如厕时间确定
GB/T 17217—2021	公共厕所卫生规范	使用方便、地点适宜地段	按服务半径设置；非水冲独立式公共厕所与餐饮企业、幼托机构距离和地下取水构建物距离	应符合《城市公共厕所设计标准》CJJ 14—2016的规定	男女数量相当情况下，宜为1：2
GB/T 38353—2019	农村公共厕所建设与管理规范	不易积存雨水、无地质危险地段；农村的公共厕所附近以及人口较集中的区域；常年主导风向的下风向处	与集中式给水点和地下取水构筑物等间距的距离，农村公厕数量可根据服务需要按服务人口或服务半径设置	—	宜为1：1.5或1：2
GB/T 50337—2018	城市环境卫生设施规划标准	人流较多的道路沿线、大型公共建筑及公共活动场所；城市公园绿地内满足环境及景观要求	沿道路路所在区设置公厕间距	—	—
GB/T 18973—2016	旅游厕所质量等级的划分与评定	以老人、孩子为服务对象的旅游目的地，不应破坏文物古迹、自然环境，景观景点	厕所服务区域最大距离与路程时间	—	分区厕所男女厕位比例不大于2：3。通用厕所男女厕位比例为(M+X)：N到M：(N+X)之间，此比例应涵盖2：3
CJJ 27—2012	环境卫生设施设置标准	—	根据城市用地类别设置的不同密度。根据服务位置设置间距	—	—
CJJ 14—2016	城市公共厕所设计标准	—	—	按照不同场所的面积，服务人数及性别比例设置	不应小于2：1；R=1.5W/M；建筑面积为70m²，女男厕位比例为3：2

续表

现行标准号	标准名称	选址要求	间距要求	厕位数要求	厕位比要求
DB11/T 190—2016	公共厕所建设规范	独立式公共厕所应设置在便于如厕、抽排的位置，活动式公共厕所的设置应满足城市公共服务设施的相关管理要求	按照不同区域服务半径设置	城市公共厕所的公布和数量，应符合 CJJ 14 的规定	$R=1.5W/M$
DB33/T 1210—2020	城市公共厕所设计与管理标准	人流较多的道路沿线，公共建筑内部或公共活动场所，公园和大型公共绿地	按照不同区域服务半径设置	75m² 及以上的公共厕所中男厕位不应少于4个，女厕位不应少于6个	公共厕所男厕位与女厕位比例宜为1:1.5，人流密集处应达到1:2
DG/TJ 08-401—2016	公共厕所规划和设计标准	应进出口方便、易于寻找、便于粪便污水排放	按照地点、服务半径及服务人次设置	公共厕所厕位数量应满足所处场所客流需求	按照客流密度及使用场所确定男女厕位比
DB37/T 2732—2015	农村中小学标准化校舍改造建设规范：学校厕所	保留扩建条件、防止水源、校园及周围环境被污染，当地主导风向的下风处、地势较高、地基排水通畅，不易被雨水淹没的地方	按照与学生宿舍和教室、集中式给水电及学生教室、厨房餐厅间的距离设置	应充分考虑女生如厕需求，适当增加女生厕位数量	—
DB37/T 3865—2020	农村公厕建设与管理规范	人口较集中、人流量较大区域；地势较高，不易积存雨水，无地质危险，方便使用者发现及到达，便于维护管理、出粪、清渣的位置；常年主导风向的下风向处；新建附属式公共厕所应设置于建筑的首层，并方便人员进出	与食品生产场所和集中式给水点的距离；根据需要按服务人口或服务半径设置公厕	应根据服务人口实际需求，合理设置每座农村公厕	男女厕位的比例宜为1:1.5 ~ 1:2
DB32/T 2934—2016	农村（村庄）公共厕所管理与维护规范	宜设置在人群集中的公共场所。外观应与周边环境相协调	—	—	—

续表

现行标准号	标准名称	选址要求	间距要求	厕位数要求	厕位比要求
DB63/T 1683—2018	青海省农牧区公共厕所工程建设标准	无不良地质现象、不易发生地质灾害；明显易找、便于粪便排入城镇或排水系统或便于机械抽运；方便公众昼夜使用，有直通室外的独立出入口；太阳能资源丰富，并保证冬季太阳能辐射得热，避免周围环境对南向窗户的遮挡	与饮食食品行业、托幼机构和城镇集中给水点的距离、化粪池和贮粪池与地下取水构筑物的距离	依据 $R=1.5W/M$ 及公共场所公共厕所厕位服务人数，确定各类场所所需厕位数	人员密集场所的公共厕所不应小于 2:1；其他场所的公共厕所比例不小于 3:2；$R=1.5W/M$
DB34/T 3003—2016	乡村旅游厕所管理与服务要求	选址宜在游客中心、购物点、农家乐及乡镇政府、村委会等建筑物内建设公共厕所，且应与周边环境协调，保持干净卫生	不应选在取水点、学校、医疗点，厨房等附近	—	—
DB43/T 1715—2019	乡村旅游厕所建设与服务管理规范	遵循"因地制宜、卫生适用、环境协调"的原则	—	—	—
DB52/T 881.3—2014	镇远古镇旅游 第3部分：公共厕所管理规范	厕所设置应满足景区景点要求，并与周围环境相协调	—	—	男女分开厕所的男女厕位比例大于 2:3
DBJ/T 15-189—2020	广东省公共厕所设计标准	应设置在人流较多的道路沿线，大型公共建筑及公共活动场所附近，并应实现无障碍可达，宜在首层、常年主导风向向下风向处	与相邻建筑物的间距应满足《建筑设计防火规范》GB 50016—2014 及当地规划部门的要求，且不应小于 6m，与相邻活动场地、道路宜设置绿化隔离带；与集中给水点和地下取水构筑物等保持距离	根据地理位置、定位、服务面积、人口密度、人流量和使用频率确定	城镇、旅游及乡村公共厕所应根据使用特点、使用人数设置男女厕位比

续表

现行标准号	标准名称	选址要求	间距要求	厕位数要求	厕位比要求
DB4403/T 23—2019	公共厕所建设规范	主要聚集在人流量多的商业区、客运枢纽等公共场所	根据不同人流密度道路的距离设置	—	—
DB45/T 2067—2019	美丽乡村无害化公共厕所建设与维护规范	无害化公共卫生厕所建设应统筹规划，因地制宜，按照"卫生、经济、适用、环保"的理念	—	—	—
DB4403/T 182—2021	医疗卫生机构卫生间建设与管理指南	医疗卫生机构卫生间宜靠近建筑物的外墙窗边，便于自然通风与采光；位于建筑内部时，应通过技术手段使厕所间内保持通风、干燥、明亮	—	符合《城市公共厕所设计标准》CJJ 14—2016的相关规定。男女厕位数量按照门急诊人数确定	符合《城市公共厕所设计标准》CJJ 14—2016的相关规定，宜≥3:2
DB4401/T 15—2018	公共厕所建设与管理规范	—	—	根据公共厕所类别及其对应标准确定	一类公共厕所女厕位比例不应小于2:1，二类公共厕所和乡村公共厕所女厕位与男厕位比例不应小于3:2
DB5115/T 20—2020	公共厕所分类建设基本要求	人流聚集的公共场所	间距宜符合《城市环境卫生设施规划标准》GB 50337—2018和《环境卫生设施设置标准》CJJ 27—2012的规定	公共厕所男女厕位宜符合表2和表3的规定	在人流集中的场所，女厕位不小于2:1，旅游点以及普通国道省道沿线女男厕位比应不小于3:2
DB5115/T 23—2020	中小学校及幼儿园厕所建设与管理规范	校园内通风及采光良好、地势较高、地基排水通畅，不易被雨水淹没，学生容易到达之处；在当地主导风向的下风向，且宜预留扩建的条件	农村寄宿制学校独立厕所与自备水源、食堂、学生宿舍、教室保持一定距离	中小学校厕所卫生洁具数量应满足《中小学校设计规范》GB 50099—2011的要求	—

续表

现行标准号	标准名称	选址要求	间距要求	厕位数要求	厕位比要求
DB33/T 1151—2018	浙江省农村公厕建设改造和管理服务规范	建在农村地区的人口较集中区域，选择地势相对较高，不易积存雨水、无地质危险地段，方便使用者到达，便于维护管理、出粪、清渣的位置；新建附属式公共厕所应设置于建筑的首层，并方便人员进出	与食品生产场所和集中式给水点的距离；根据服务人口及服务半径设置	农村公厕的厕位服务人数宜按照男性90人/厕位，女性60人/厕位的要求设置	—
DB11/T 597—2018	农村公厕、户厕建设基本要求	农村地区的人口较集中地点，地势较高，不易积存雨水、无地质危险地段，方便使用者到达，便于维护管理和粪便清运	集中式给水点和地下取水构筑物的距离	—	$R=1.5\,W/M$
T/CCA 004.3—2018	餐饮业客用卫生间清洁卫生	卫生间不得设置在食品处理区内，卫生间出入口不应直对食品处理区，不宜直对就餐区	—	—	—
T/ZS 0051—2019	农村公共厕所改造与管理规范	—	—	当男厕位或女厕位大于4个时，应设置坐便位	厕位数量大于10个时，女厕位与男厕位的比例宜大于3:2

的公共厕所,《餐饮业客用卫生间清洁卫生》T/CCA 004.3—2018提出公共厕所不设置在食品处理区内、出入口不应直对食品处理区、不宜直对就餐区的要求。

2.公共厕所间距要求

对于公共厕所间距的要求主要从两个角度出发,一是满足使用者用厕需求的角度。厕所与厕所之间的间距需设置合理,一般按照服务人口与服务半径设置公厕间距,以满足服务需求。如城市公共厕所根据不同区域的人流量设置不同间距,例如《城市环境卫生设施规划标准》GB/T 50337—2018中规定沿道路设置的公厕间距:商业区周边道路小于400m,生活区周边道路400～600m,其他区周边道路600～1 200m等,不同区域不同设置,更加人性化且避免浪费资源。《公共厕所建设规范》DB11/T 190—2016中对间距的要求更为严格,商业性路段宜小于300m,生活性路段宜为300～500m,交通性路段宜为600～1 000m。并规定了以服务半径设置的开放式公园宜为400～1 000m,城市广场宜小于200m。《农村公共厕所建设与管理规范》GB/T 38353—2019中提出农村公共厕所按照服务人口或服务半径设置。按服务人口设置,有户厕区域宜为500～1 000人/座,无户厕区域宜为50～100人/座;按服务半径设置宜为500～1 000m/座。旅游公共厕所服务区域最大距离宜不超过500m,从厕所服务区域最不利点沿路线到达该区域厕所的时间宜不超过5min,此处5min概念略微模糊,应说明游客到达公厕的交通方式。二是保障周边环境卫生安全的角度。厕所与其他场所和构筑物的距离,如国标《市容环卫工程项目规范》GB 55013—2021中规定化粪池和贮粪池与饮用水源的卫生防护距离不应小于30m,与地埋式生活饮用水贮水池的卫生防护距离不应小于10m。大部分标准中公共厕所与饮用水源地、饮用水贮水池、集中式给水点距离不小于30m,《广东省公共厕所设计标准》DBJ/T 15-189—2020基于国家标准并提高要求,规定公共厕所与集中给水点和地下取水构筑物等设施的距离宜大于50m以避免污染;《公共厕所卫生规范》GB/T 17217—2021中规定非水冲独立式公共厕所应与餐饮企业、幼托机构距离大于或等于10m;《农村公厕建设与管理规范》DB37/T 3865—2020规定独立式农村公厕与食品生产场所的距离应大于30m;《农村中小学标准化校舍改造建设规范:学校厕所》DB37/T 2732—2015中要求厕所与学生教室、厨房餐厅的距离应超过25m,比起国家标准要求更为严格。此外公厕与学生教室和宿舍的距离要大于30m且在

200m以内，既保证了公厕的服务使用范围，又对卫生条件有了保障。

3.公共厕所厕位数设置要求

对于厕位数的设置，《市容环卫工程项目规范》GB 55013—2021中要求根据开放时间段的如厕人数、峰值系数确定。大多数标准中根据服务人口及服务半径来确定，其中行业标准《城市公共厕所设计标准》CJJ 14—2016对不同场所中设置厕位数进行了规定，如对商场、超市和商业街根据购物面积确定厕位；对体育场馆、展览馆、影剧院、音乐厅等公共文体娱乐场所按照性别及座位数确定厕位数；对饭馆、咖啡厅等餐饮场所根据座位设置厕位数；对机场、火车站、综合性服务楼和服务性单位根据人数设置厕位数。该标准要求比较详细合理，大多标准要求厕位数设置与该标准保持一致。对于农村公共厕所，《农村公厕建设与管理规范》DB37/T 3865—2020提出按照服务人口实际需求，合理设置每座农村公厕厕位。部分标准针对特殊地点的公共厕所的特点提出公厕的厕位数设置要求。如《医疗卫生机构卫生间建设与管理指南》DB4403/T 182—2021中提出医疗机构的男女厕位数按照急诊人数进行设置。此外，厕位数与公共厕所的面积也应该保持相对一致与合理，如《城市公共厕所建设》DB33/T 1210—2021中规定75m² 及以上的公共厕所中男厕所厕位数量不应少于4个，女厕所厕位数量不应少于6个。

4.公共厕所厕位比要求

标准中对公共厕所的男女厕位比的设置考虑了男女如厕性别比例、大小便人数、如厕时间的因素，国家标准中，如《公共厕所规范》GB/T 17217—2021、《农村公共厕所建设与管理规范》GB/T 38353—2019提出男女厕位比宜为1:1.5或1:2且不大于1:1.5～1:2。除该比例范围外，男女厕位比可按下面两个公式计算：① $R=1.5W/M$。其中，R是男女厕位比例，1.5是女性与男性如厕占用时间比值，W是女性如厕测算人数，M是男性如厕测算人数。该式应用较为广泛且人性化。②在采用男女通用厕间时，男女厕位比例（含男用小便位）的计算方式为从$(M+X):N$到$M:(N+X)$间，其中M是男厕位数量，N是女厕位数量，X是男女通用厕位数量，此比例范围应涵盖2:3。此公式适用于瞬时人流负荷较大区域（如停车场、旅游区入口）的旅游公共厕所。此外，公共厕所的建筑面积也是设置男女厕位比的一个因素。《城市公共厕所设计标准》CJJ 14—2016中提到当公共厕所建筑面积为70m²，女厕所与男厕所比例宜为2:1或1.5:1，厕位面积指标宜为4.67m²/位，女厕所占用面积宜为男厕所的2.39或1.77倍。

3.3.4 公共厕所现行标准基础设施差异对比

表16～表19是对公共厕所标准中（国家标准、行业标准、地方标准、团体标准）基础设施（暖通、给水排水、电器）的总结。大部分是公共厕所设计建设标准。

（1）国家标准中，《旅游厕所质量等级的划分与评定》GB/T 18973—2016、《农村公共厕所建设与管理规范》GB/T 38353—2019对旅游厕所、农村公共厕所基础设施给出了规定，旅游厕所通风换气次数在5次/h以上，农村公共厕所对换气次数未作出规定。农村公共厕所对照度给出了明确的规定，一类≥150lx，二类≥100lx，三类≥100lx；旅游厕所规定照度应符合《建筑照明设计标准》GB 50034—2013；两个标准均提出了要对厕所采取防冻措施。公共厕所通用标准《公共厕所卫生规范》GB/T 17217—2021卫生学评价指标与阈值中规定了公共厕所通风换气次数≥5次/h，照度≥50lx。《免水冲卫生厕所》GB/T 18092—2008规定照度应≥200lx，包括泡沫式和打包式卫生厕所。《客车卫生间》QC/T 768—2022规定卫生间内灯具光照度应＞30lx。

（2）行业标准中，《城市公共厕所设计标准》CJJ 14—2016是对城市公共厕所标准的设计要求，其规定了厕间通风量的计算，通风换气频率应≥5次/h，并明确提出了空调电扇、采暖等保温防冻措施、给水排水管道设计规定，以及洗手盆、烘手机等规定，但缺少对厕间照度的明确规定。与其他标准相比，该标准对城市公共厕所基础设施（暖通、给水排水、电器）的规定相对全面。《活动厕所》CJ/T 378—2011规定了通风换气次数应≥6次/h，严寒地区的活动厕所应采取保温防冻措施，厕间内的地面照度应≥100lx，管理室内的地面照度应≥150lx，活动式厕所应符合该标准要求。

（3）地方标准中，目前，北京、上海、浙江、青海、湖南、广东、深圳、广州、杭州、宜宾有公共厕所设计建设标准，标准中对公共厕所基础设施提出了规定，通风换气次数均应≥5次/h，《广东省公共厕所设计标准》DBJ/T 15-189—2020、《公共厕所建设规范》DB 4403/T 23—2019提出在采用机械通风时，通风

表16

公厕标准中基础设施差异对比表（国家标准）

序号	标准编号	类型	暖通		给水排水		电器	
			通风	空调/保温等	给水排水管道	洗手设备等	照明	其他电气设备（干手器、消毒器等）
1	GB/T 18092—2008	泡沫式	—	冬季结冰地区厕所结冰地区所管路、发泡机构及贮粪箱应有加热保温措施	泡沫式大便器厕所应有清洁厕具的冲水管路	—	照度≥200lx	—
		打包式	—		—	—		
2	GB 50763—2012	—	—	—	—	女厕所和男厕所均设置至少1个无障碍洗手盆	—	—
3	GB/T 18973—2016	—	优先采用自然通风，当自然通风不能满足要求时可增设机械通风；换气次数在5次/h以上	北方地区对管道采取防冻措施	给水排水布置与安装应符合《建筑给水排水及采暖工程施工质量验收规范》GB 50242—2002的规定；给水管道内径应不小于50mm；排水管路材质宜为PVC，直径应不小于160mm	应设洗手盆和水龙头等洁手设备。无上水条件的洁手设备可采用雨水收集、干式洁手器等技术	室内照度应符合《建筑照明设计标准》GB 50034—2013的规定，应选用节能、防潮灯具	宜配干手设备
4	GB/T 38353—2019	一类	采用自然通风或机械通风等	水冲厕所应采取防冻措施	给水排水管道应符合《建筑给水排水设计标准》GB 50015—2019的要求	农村公厕根据需要和条件配置洗手盆。洗手用水应符合《生活饮用水卫生标准》GB 5749—2022的要求	照度≥150lx	农村公厕根据需要和条件配置手器等
		二类					照度≥100lx	
		三类					照度≥100lx	
5	GB/T 17217—2021	附属式	换气次数/（次/h）≥5	采暖地区公共厕所应设置采暖设备	—	设置洗手盆等基本配套设施，洗手盆宜采用非手动出水装置；感应式开关	照度≥50lx	可设手器
		独立式	换气次数/（次/h）≥5（机械通风方式要求）					

表17

公厕标准中基础设施差异对比表（行业标准）

标准编号	类型		暖通		给水排水		电器	
			通风	空调/保温等	给水排水管道	洗手设备等	照明	其他电气设备（干手器、消毒器等）
1 CJJ 14—2016	固定式	一类	优先考虑自然通风，当自然通风不能满足要求时应增设机械通风。通风量应根据厕位数以坐位、蹲位、站位不小于40m²/h，不小于20m²/h和保证厕间的通风换气频率每5次/h分别进行计算，取其中最大值为计算结果	空调（南方地区有，北方地区视条件而定）；采暖，北方地区有	给水、排水管道设计应符合现行国家标准《建筑给水排水设计规范》GB 50015—2019的有关规定；排水管道应采用塑料排水管（UPVC），卫生器具的排水管径和管道坡度应符合该标准规定	设置成人洗手盆、儿童洗手盆	—	设置烘手机
		二类		空调或电扇（南方地区有，北方地区视条件而定）；采暖，北方地区有		设置成人洗手盆、儿童洗手盆		视需而定烘手机
		三类		电扇（南方地区有，北方地区视条件而定）；视条件需要设置有防冻措施		设置成人洗手盆、无儿童洗手盆		无烘手机
	活动式		厕间内应合理布置通风方式，通风换气频率不应小于5次/h	应保证保温和器具防冻措施	—	设置洗手盆	厕间及管理间内均应设置具有节能功能的照明灯具	—
2 CJ/T 378—2011	一		厕间内应设置通风或开窗；宜设置机械排风系统，机械排风系统的设计和安装应符合《通风与空调工程施工质量验收规范》GB 50243—2016的要求；厕间内的换气次数不应小于6次/h	供严寒地区使用的活动厕所，窗体应采用双层玻璃，百叶窗应增加活动式保温村窗，管路外壁应加装自限温伴热带，贮水箱及储粪箱内应加装加热器	宜优先采用水冲洗系统；给水排水管路的布置和安装应符合《建筑给水排水及采暖工程施工质量验收规范》GB 50242—2002的要求；在不具备接应上下水条件的地点，活动厕所应设置贮水箱和储粪箱	设置洗手盆	厕间及管理间内均应设置照明灯具，照明灯具应采用节能高效的器具；厕间内的地面照度不应小于100lx，管理室内的地面照度不应小于150lx	—

续表

序号	标准编号	类型	暖通		给水排水		电器	
			通风	空调/保温等	给水排水管道	洗手设备等	照明	其他电气设备（干手器、消毒器等）
3	LB/T 071—2019	—	气温适中的地区可利用自然通风	设置厕具保温系统	—	没有上水导致无下水道旅游厕所无法提供洗手用水的，应配置净手设备	光照良好的地方可利用自然采光照明	—
4	QC/T 768—2022	—	卫生间在通电时应有强制排风功能（或其他空气净化除臭装置），乘员如厕时其换气量≥85m³/h（卫生间内部气体每分钟换气约1.5次），无人情况下其换气量≥50m³/h（卫生间内部气体每分钟换气约1次）	若在高寒区域使用需增设散热器，同时污水箱需高温加热装置且表面需高温保温防护。若在高温区域使用，产品所需粘接胶水需满足80～100℃耐高温要求	—	设置洗手池，洗手水量200～300ml	照度＞30lx	—
5	TB/T 3337—2013	—	—	—	卫生间的水管及阀门应安装在罩板内	—	—	设置洗手器
6	HJ 1160—2021	—	优先采用自然通风方式，当换气量不足时，应增设机械通风。至少采取一种除通风外的异味控制技术	—	—	—	应使用符合《环境标志产品技术要求 照明光源》HJ 2518—2012要求的照明光源作为照明或指示灯	配有消毒装置

表18

公厕标准中基础设施差异对比表（地方标准）

		暖通		给水排水		电器	
标准编号	类型	通风	空调/保温等	给水排水管道	洗手设备等	照明	其他电气设备（干手器、消毒器等）
1 DB11/T 190—2016	固定式 一类	应优先考虑自然通风；设机械通风，通风量应根据厕位数以每蹲位、坐位≥40m³/h，每站位应≥20m³/h和保证厕间的通风换气频率≥5次/h分别进行计算，取其中最大值作为计算结果	空调视条件设置；有供暖	给水和排水管道设计应符合《建筑给水排水设计规范》GB 50015—2019的要求；排水管道应采用塑料排水管；管径和坡度应按照该标准规定执行	设置洗手盆	照度为150lx	设置烘手器
	二类		空调或电扇视条件设置；有供暖		设置洗手盆	照度为100lx	视需而定烘手器
	三类		电扇视条件设置；视条件有需要设置或有防冻措施		视条件而需要设置或洗手盆	照度为75lx	无烘手器
	活动式		—	优先选用水冲洗系统，在给水排水条件不具备的地点，根据粪便收运条件，采用水箱给水冲洗系统或免水冲系统	设置洗手盆	—	—
2 DB11/T 597—2018	一类	应考虑自然通风，当不满足要求时，采用机械通风。通风量应根据厕位数以每蹲位、坐位≥40m³/h，每站位≥20m³/h和保证厕间冬季通风换气次数≥5次/h，夏季通风换气次数≥10次/h，分别进行计算，取其中大值为计算结果	公厕应有防冻措施，给水管道上应设置电伴热保温，并在每个出水点设防冻放水阀门	给水和排水管道设计应符合《建筑给水排水设计规范》GB 50015—2019和DB11/T 190—2016《公共厕所建设规范》DB11/T 190—2016的要求，当给水水压不足时应采取加压水冲或高位水箱等技术措施	设置洗手盆	照度≥150lx	—
	二类				设置洗手盆	照度≥100lx	
	三类				视条件而定设置洗手盆	照度≥75lx	—

续表

序号	标准编号	类型		暖通		给水排水		电器	
				通风	空调/保温等	给水排水管道	洗手设备等	照明	其他电气设备（干手器、消毒器等）
3	DG/TJ 08-401—2016	固定式	一类	每个厕位通风量≥40m³/h，每个男小便站位通风量≥20m³/h，宜采用自然通风；机械通风的换气频率应达到6次/h以上	应设风扇，可设空调	供水：管径50mm。排水：室内不暴露，排水管150mm以上，带水封	根据厕位数设置洗手盆（成人、低位），符合该标准要求	应符合现行国家标准《建筑照明设计标准》GB 50034—2013的有关规定	设置烘手器
			二类		应设风扇，视条件需要设空调	供水：管径50mm。排水：室内不暴露，排水管150mm以上，带水封			可设烘手器
			三类		应设风扇，视条件需要设空调	供水：管径25～50mm，室内不暴露，排水：排水管150mm以上，带水封			无烘手器
		活动式		通风换气频率≥5次/h	有保温和器具防冻措施	公共厕所给水管、排水管，雨水管的设计应符合现行国家标准《建筑给水排水设计规范》GB 50015—2019的有关规定，给水管宜暗敷。给水、排水应同时满足设计给水量及排水量的要求。	设置洗手盆	厕间及管理间内均应设置照明灯具，照明灯具应采用节能高效的灯具	—
4	DB50/T 987—2020	—		通风换气气频率不小于5次/h，每小时通风量应满足《城市公共厕所设计标准》CJ 14—2016的要求	—	—	—	—	—

续表

序号	标准编号	类型	暖通		给水排水		电器	
			通风	空调/保温等	给水排水管道	洗手设备等	照明	其他电气设备（干手器、消毒器等）
5	DB50/T 1218—2022	—	—	—	—	—	白天无人时段光照度区间范围≥75lx；夜晚无人时段光照度区间范围≥50lx；白天有人时段光照度区间范围≥150lx；夜晚有人时段光照度区间范围：≥100lx	—
6	DB33/T 1210—2020	—	设置自然通风窗口，并附设独立排风设备、新风系统等机械通风方式净化室内空气；通风量计算应符合《城市公共厕所设计标准》CJJ 14—2016的规定	—	给水排水设计应符合现行国家标准《建筑给水排水设计规范》GB 50015—2019的规定；公共厕所供水管管径不应小于50mm，地下排水管主管管径不应小于200mm；排水管道应采用建筑排水塑料管及管件	洗手盆盥洗用水应采用自来水或符合水质标准的自备水源；当盥洗室洗手盆的数量多于3个时，其中一个应设置成低位	公共厕所应以自然采光为主。灯具应采用LED等节能灯具。地面照度宜为150lx，照度均匀度宜为0.6，显色指数宜为80。厕所间应采用防潮型照明灯具	—

续表

序号	标准编号	类型	暖通		给水排水		电器	
			通风	空调/保温等	给水排水管道	洗手设备等	照明	其他电气设备（干手器、消毒器等）
7	DB33/T 1151—2018	—	农村公厕应通风良好，优先考虑自然通风	—	农村公厕的给水排水系统应符合《建筑给水排水设计规范》GB 50015—2019 的规定	设置洗手盆，农村公厕总厕位数6个，宜设置洗手盆（1～2）个；6个以上，每增加4个厕位宜增设1个	农村公厕应设置一般照明，宜设置局部照明，并应采用高效的防潮类照明灯具及其节能附件，优先采用LED光源；农村公厕照度及照明功率密度要求为：照度标准值75lx；照明功率密度应≤3W/m²；农村公厕内的照明，采取分区、分组控制或单灯控制，并宜按时段控制	—
8	DB37/T 2732—2015	—	宜设置机械通风，自然通风条件较好的可不设置	—	—	设置洗手盆，洗手盆宜采用自来水或符合水质标准的自备水源	照明工具符合节能环保要求	根据需要和条件配备烘手器

续表

	标准编号	类型	暖通		给水排水		电器		
			通风	空调/保温等	给水排水管道	洗手设备等	照明	其他电气设备（干手器、消毒器等）	
9	DB37/T 3865—2020	—	优先采用自然通风，当自然通风不能满足要求时应增设机械通风	应采取保温防寒和器具防冻措施；宜因地制宜选择可再生能源或清洁能源作为供暖热源。对给水排水系统做好防冻保温措施，确保冬季正常使用	农村公厕的给水排水系统应符合《建筑给水排水设计标准》GB 50015—2019的规定。卫生器具排水管道的管径和坡度应符合该标准的要求	设置洗手盆，洗手盆洗用水应采用自来水或符合自来水质标准的自备水源	农村公厕宜采用节能型电气设备，室内照度应符合《建筑照明设计标准（附条文说明）》GB 50034—2013的规定；应采用高效的防潮类照明灯具及其节能附件，节能设计应符合《公共建筑节能设计标准（附条文说明）》GB 50189—2015的规定，优先采用LED光源	根据需要和条件配备烘手器	
10	DB32/T 2934—2016	—	—	采取防冻措施	—	—	—	—	

续表

序号	标准编号	类型	暖通		给水排水		电器	
			通风	空调/保温等	给水排水管道	洗手设备等	照明	其他电气设备（干手器、消毒器等）
11	DB63/T 1683—2018	—	优先考虑自然通风，当换气量不足时应考虑机械通风，通风量应根据厕位数以坐位、蹲位、站位不小于40m³/h，蹲位不小于20m³/h和保证厕间的通风量不小于10次/h分别计算，取其中较大值为计算结果	具备条件时可采用空气源热泵系统形式供暖。空气源热泵系统的设计应符合国家现行标准《低环境温度空气源多联式热泵（空调）机组》GB/T 25857—2010的有关规定。具备具体条件时宜采用多能互补供暖应用技术	给水系统采用的管材和管件，应符合国家现行标准品的要求，并满足《建筑给水排水设计规范》GB 50015—2019的要求。排水系统管材应选用新型绿色环保管材。排水干管管径不应小于DN100	水冲式卫生厕所应设洗手盆，盥洗室宜男女分开设置；无水式卫生厕所应可不设盥洗室及洗手设施	人工照明为75lx	视条件而定烘手机
12	DB43/T 1715—2019	—	优先采用自然排风，当自然通风不能满足要求时应增设强制排风设备	—	—	设置洗手盆	选用节能灯具，照明应符合《建筑照明设计标准（附条文说明）》GB 50034—2013的规定	设置烘手器

续表

序号	标准编号	类型	暖通		给水排水		电器	
			通风	空调/保温等	给水排水管道	洗手设备等	照明	其他电气设备（干手器、消毒器等）
13	DBJ/T 15-189—2020	—	公共厕所采用自然通风时，有效通风面积不应小于房间地面面积的5%。合理利用被动式通风技术加强自然通风。采用机械通风时，换气次数取值≥15次/h	设有空调的公共厕所，其室内设计参数以及空调设备的能效应符合国家相关标准的要求	公共厕所的给水排水系统设计应满足现行国家标准《建筑给水排水设计标准》GB 50015—2019的规定。公共厕所排水管道宜采用塑料排水管（UPVC），卫生器具塑料排水管的管径和管道坡度宜按该标准设置	固定式公共厕所应设置洗手盆，数量符合该标准要求	照明标准值应满足现行国家标准《建筑照明设计标准》GB 50034—2013的要求，并符合该标准的规定。照明应采用LED光源，色温不宜高于5300K；母婴室照明宜采用间接照明方式，不应直接看到光源	—
14	DB6101/T 3010—2018	—	应优先考虑自然通风，当自然通风不能满足通风要求时，应增设机械通风。通风换气次数应≥5次/h	—	供水管管径应在50m以上，室内不暴露。公共厕所塑料排水管道应采用塑料排水管（UPVC），卫生器具排水管径和坡度根据该标准规定设置	有水型洗手盆和龙头，应安装牢固，提倡采用干湿分开；洗手区宜布置于厕所外空间；男女（若）分设的厕所洗手盆数量参照CJJ 14—2016设置	厕间应采用防潮节能型照明灯具，照明灯具宜采用智能控制。厕间、管理间照度应≥100lx。厕内应急照明应按照《消防应急照明和疏散指示系统》GB17945—2010的规定设置消防应急照明灯具和消防应急标志灯具	烘手器，母婴室，冷热水机，温饮水机，奶器

续表

序号	标准编号	类型	暖通		给水排水		电器	
			通风	空调/保温等	给水排水管道	洗手设备等	照明	其他电气设备（干手器、消毒器等）
15	DB4403/T 23—2019	—	通风设计应符合《城市公共厕所设计标准》CJ 14—2016的要求，优先采用自然通风；自然通风确保换气次数在5次/h以上；在自然通风不能满足臭味强度≤1级时，应增设机械通风，确保换气次数15次/h以上（40m³/h）	母婴室鼓励安装空调	排水管道的设计应符合《建筑给水排水设计标准》GB 50015—2019的要求、公共厕所排水管（UPVC），卫生器具的排水管径和塑料管坡度应符合该标准规定	固定式公共厕所应设置洗手台，并安装有水盆洗手型洗手盆。公共卫生间参照《城市公共厕所设计标准》CJ 14—2016设置，并符合该标准规定	公厕灯光照度不得小于200lx，同时符合《建筑照明设计标准》GB 50034—2013的要求；宜选用LED节能灯具，夜间灯光可使用时间与厕所开放时间一致	设置烘手机，鼓励设置音乐播放器
16	DB4403/T 182—2021	—	通风设计应符合《民用建筑供暖通风与空气调节设计规范》GB 50736—2012，《城市公共厕所设计标准》CJ 14—2016的规定，宜优先采用自然通风；自然通风所采用设计参照《公共厕所设计规范》DB4403/T 23—2019第10章的要求。在自然通风不能满足臭味强度≤1级时，按照《民用建筑供暖通风与空气调节设计规范》GB 50736—2012第6.3.6条的规定，应设置机械排风系统；换气次数一般取值为≥10次/h	高雅型卫生间，宜采用舒适性空调系统，控制在28℃以下，冬季温度控制在16℃以上	给水排水的设计与建设应符合《建筑给水排水设计标准》GB 50015—2019和《公共厕所设计标准》DB4403/T 23—2019第11章的要求，并应采用先进、可靠、节水卫生设备，选用新型塑型管材。排水管道应采用静音型塑料排水管（UPVC），卫生间给水管路的排布与安装应符合该标准规定；卫生间给水排水及采暖工程施工质量验收规范》GB 50242—2002的规定	洗手池根据厕位数设置	照明宜优先选用自然采光，无窗卫生间宜采用光导技术获取自然光。应配备应急照明灯具。选用LED照明灯光，灯具设置宜尽量减少眩光。卫生间灯光照度不应小于200lx，同时符合《建筑照明设计标准》GB 50034—2013的规定；选用LED节能灯具，夜间与卫生间可使用时间与卫生间开放时间一致	干手器

续表

序号	标准编号	类型	暖通		给水排水		电器	
			通风	空调/保温等	给水排水管道	洗手设备等	照明	其他电气设备（干手器、消毒器等）
17	DB4401/T 15—2018	—	应优先考虑自然通风，当自然通风不能满足要求时应增设机械通风。通风换气次数应≥5次/h	—	供水管管径应在50mm以上，室内不暴露。公共厕所排水管道应采用塑料排水管（UPVC），应设水封弯头或或隔气连接井、卫生器具的排水管径和排水管道坡度应符合该标准规定；公共厕所排通气管、通气的主干管应设通气管，管径不应小于75mm	—	厕内供电设计应符合《民用建筑电气设计规范》JGJ 16—2008的规定。厕间应采用防潮型能型照明灯具，照明灯具宜采用智能控制。厕间、管理间照度应≥100lx。厕内应按照《消防应急照明和疏散指示系统》GB 17945—2010的规定设置消防应急照明灯具和消防应急标志灯具	—
18	DB3301/T 0235—2018	固定式	公共厕所应设置自然通风窗口，并附设独立排风设备、新风、负压系统等机械通风方式净化室内空气，排除异味。排风口设置应满足室内通风换气需求。通风量的计算应符合《城市公共厕所设计标准》CJJ 14—2016规定	—	给水管管径为50～99mm，所有地下排水管径不应小于200mm	设置洗手盆	男、女厕同应以自然采光为主，灯具应采用LED等节能灯具，要求地面照度1501x，照度均匀度0.6，显色指数80	干手器应选用风量大的类型，风速90m/s以上（4～9s达到干手效果），噪声62dB（A）以下，额定功率不大于1400W

续表

	标准编号	类型	暖通		给水排水		电器	
			通风	空调/保温等	给水排水管道	洗手设备等	照明	其他电气设备（干手器、消毒器等）
18	DB3301/T 0235—2018	活动式	通风换气频率≥5次/h	—	—	设置洗手盆	厕间及管理间内均应设置具有节能功能的照明灯具。厕间有效面积不应小于0.2m²，并应采用透光率不小于50%的材料	
19	DB3301/T 0248—2018	—	—	—	—	智能洗手设备	智能化旅游厕所应建立包含人体感应、调节光照度的节能智能照明系统。照明应符合《建筑照明设计标准》GB 50034—2013建筑照明设计标准的规定	感应烘手机

续表

序号	标准编号	类型	暖通		给水排水		电器	
			通风	空调/保温等	给水排水管道	洗手设备等	照明	其他电气设备（干手器、消毒器等）
20	DB5115/T 20—2020	一类	公共厕所应优先考虑自然通风，当自然通风不能满足要求时应增设机械通风。通风量应根据厕位数计算以坐位、蹲位不小于40m³/h，站位不小于20m³/h和保证厕间的通风换气频率5次/h分别进行计算，取其中大值为计算结果	空调，视条件需要设置	公共厕所排水管道应采用塑料排水管（UPVC），卫生器具的排水管径和管道坡度应符合该标准规定	固定式公共厕所应设置洗手盆。洗手盆应按厕位数设置，要求符合该标准规定。盥洗用水等应采用自来水等合格水质的水源，严禁采用再生水作为洗手盆的水源	照度为150lx	设置烘手器
		二类		空调或电扇，视条件需要设置			照度为100lx	视需而定烘手器
		三类		风扇，视条件需要设置			照度为75lx	无烘手器
21	DB5115/T 23—2020	—	以自然通风为主，机械通风为辅	—	大便槽排水主干管宜采用聚乙烯管，主干管尾端宜设不锈钢阻隔栅栏	厕所应设置男女分开专用洗手台，有条件的学校宜在厕所洗手台提供热水，热水温度不应过高	通往厕所的道路和厕内均应设置人工照明设施，道路和厕内的平均照度应≥60lx	—
22	DB3306/T 044—2022	—	—	—	—	设置洗手台	灯光使用状态自动调节亮度，无人状态：白天光照度≤50lx，夜晚≤75lx；有人状态：白天≤150lx，夜晚≤100lx	感应洗手机

表19

公厕标准中基础设施差异对比表（团体标准）

	标准编号	暖通		给水排水			电器		其他电气设备（干手器、消毒器等）
		通风	空调/保温等	给水排水管道	洗手设备等		照明		
1	T/ZS 0051—2019	农村公厕宜通风良好，优先考虑自然通风			洗手盆盥洗用水应采用自来水或自备用水质标准的自备水源。洗手盆应采用感应式或延时自闭式水嘴		农村公厕应设置一般照明，应设置局部照明，并应采用高效的防潮类照明灯具及其节能附件，照明灯宜采用LED光源。照度标准值75lx；照明功率密度应≤3W/m²		—
2	T/ZS 0050—2019	农村公厕应通风良好，优先考虑自然通风		农村公厕的给水排水系统应符合《建筑给水排水设计规范》GB 50015—2019的规定。应采用符合国家产品标准的管材、附件	洗手盆盥洗用水应采用自来水或自备用水质标准的自备水源。洗手盆宜采用感应式或延时自闭式水嘴		农村公厕应设置一般照明，应设置局部照明，并应采用高效的防潮类照明灯具及其节能附件，照明灯宜采用LED光源。照度标准值75lx；照明功率密度应≤3W/m²		—
3	T/SHWSHQ 03—2019	应优先考虑自然通风，当自然通风不能满足要求时应增设机械通风。每个厕位通风量不应小于40m³/h，每个男小便站位通风量不应小于20m³/h，换气频率应达到6次/h以上	宜安装空调，合理组织气流，保持全年室内温度舒适		按厕位数设置洗手盆，数量设置符合该标准要求		厕所应洁净明亮，照度标准值150lx		设置烘手器
4	T/CCA 004.3—2018				应在卫生间出口附近设置洗手设施				设置烘手器
5	T/GZBC 56.1—2021		视条件设置或有防冻措施、空调设施	供水材料优质耐腐蚀，排水材料优质耐腐蚀	设洗手池或洗手盆，配节水型水龙头，视条件提供洗手热水				设置烘手机

换气次数应≥15次/h，《医疗卫生机构卫生间建设与管理指南》DB 4403/T 182—2021规定换气次数应≥10次/h，所有标准对空调、烘手机等其他电器的设定根据需要和条件设置，配套设施洗手盆的设置均根据厕位数量进行设定，母婴室或第三卫生间还要求设置儿童洗手盆，各地区照度的规定有所差异，但均≥50lx，北京≥75lx，浙江≥150lx，西安≥100lx，深圳≥200lx，广州≥100lx，杭州≥150lx，宜宾≥75lx，青海农牧区≥75lx，深圳医疗卫生机构卫生间≥200lx，宜宾中小学幼儿园≥60lx，农村公共厕所的照度标准值为75lx，而国家标准对农村公共厕所要求照度≥100lx，根据我国标准制定规则，地方标准应严格于国家标准的规定。

（4）团体标准中，其中，有三个农村公共厕所标准，照度标准值也为75lx，上海市卫生系统后勤管理协会提出的团体标准《医院厕所服务规范》T/SHWSHQ 03—2019照度标准宜为150lx，低于深圳医疗卫生机构卫生间的照度值。目前，我国关于公共厕所的团体标准较少，团体标准对基础设施的规定不是很全面。

总体上看，关于公共厕所暖通设置：一般优先采用自然通风，当自然通风不能满足要求时可增设机械通风；通风换气频率都在5次/h以上。目前，只有北京、上海、广东、四川的地方标准对公共厕所中空调的设定给出了明确的规定，空调应根据条件和需要设定。不是所有的公共厕所地方标准都对厕所的保温防冻提出了要求，尤其是北方地区，冬季若不采取保温防冻措施，厕所将无法使用。关于厕所给水排水设置：其管路材质和直径根据各项标准有所差异，管道设计应符合《建筑给水排水设计标准》GB 50015—2019的要求，布置与安装应符合《建筑给水排水及采暖工程施工质量验收规范》GB 50242—2002的规定；给水管道内径在25～99mm之间，大部分规定在50mm以上，排水管道最低不小于160mm。大部分公共厕所设计建设标准都提出了应设置洗手盆的规定。关于电器：公厕照明标准值应满足现行国家标准《建筑照明设计标准》GB 50034—2013的要求；照明强度从30lx到200lx不等，其中，《客车卫生间》QC/T 768—2022标准规定的最小限制为＞30lx，农村公厕照度标准值为75lx；智能化厕所应设置为人体感应、调节光照度的节能智能照明系统，灯具会根据有无人状态自动调节亮度；不同类的厕所照度也不相同；关于厕所的其他电器，大部分标准都提出要设置烘手器。

3.4 我国公共厕所标准存在的问题

1.标准滞后、公开性差

纵观公共厕所的相关标准（图11），可以看出公共厕所相关标准整体数量少，2016年以前，基本上每年发布1～2项，尽管2018年到2021年间发布了大量标准，但是主要是地方标准，我国公共厕所相关标准整体滞后。正如前面章节所言，早期我国对公共厕所标准化的重视程度不够，标准编制工作起步晚，加之相关的技术产品研发、智能化管理维护等相关领域的发展在近几年才蓬勃兴起，导致标准对新技术、新指标的吸收、吸纳不足，标准更新慢。此外，标准编制往往是采用"一站到底"的服务模式，即标准编制工作组既要负责起草标准还要负责修订标准，然而由于人员变动、起草单位业务变化等原因，很难对标准进行及时更新，导致标准修订难。比如《免水冲卫生厕所》GB/T 18092—2008、《环境卫生图形符号标准》CJJ/T 125—2008都是2008年编制，2009年执行的；前者于2021年着手修订，发布在即，后者已经有10余年未更新。

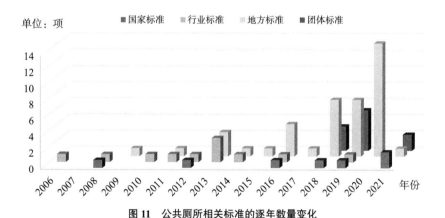

图11　公共厕所相关标准的逐年数量变化

当前，标准多为归口单位自行发布，视情况进行付费使用或内部使用，这就导致标准的可得到性差。据编者经验，目前查询标准的主要渠道是国家标准化管理委员会（http：//www.sac.gov.cn），在这里可以查询到大部分已颁发的国家标准、地方标准、行业标准等，但是下载全文需要到国家标准全文公开系统（http：//openstd.samr.gov.cn/bzgk/gb）获取，受版权限制，大多并不能免费开放。

私营平台，如工标网（http：//www.csres.com）为标准的获得提供了有效途径，但其普及性还有待提高，同时也属于付费使用平台。总的说来，我国标准的公开程度不够，获取途径单一，究其原因是缺乏公众开放管理制度。在2021年发布的《国家标准化发展纲要》中也强调了标准的公开性和可得性，这需要从中央到地方各级政府部门，从行业协会到企业，综合考虑法律、政策、技术、管理等多方面，强强联动，相互合作，推进设立统一的开放平台。

2.标准协调性差

公共厕所相关的标准数量总量少，国家标准、行业标准更少，地方标准和企业标准相对较多，现行标准体系结构不够清晰，归口部门各自为政，缺乏顶层设计，从而也导致现行标准之间存在的内容不协调，部分指标相互冲突。

例如，关于公厕设置的要求，有的标准以服务半径为参考，有的标准建议按服务人口设置，还有的标准建议依据步行时间设置（表20）。虽然这些都是推荐性标准，但是采用的定量单位不一致，难免给标准的采用带来不便。

公共厕所相关标准中对设置要求的规定 表20

标准编号	标准内容
GB/T 38353—2019	按服务人口设置，有户厕区域宜为500～1000人/座，无户厕区域宜为50～100人/座；按服务半径设置宜为500～1000m/座
GB/T 17217—2021	乡村公共厕所的分布，按服务半径设置，居住区内的公共厕所服务半径不宜大于150m，街道沿途两侧交替布置的公共厕所服务半径不宜大于250m
CJJ 27—2012	生活性路段步行（5km/h）4min内进入厕所
GB/T 18973—2016	厕所服务区域最大距离宜不超过500m，从厕所服务区域最不利点沿路线到达该区域厕所的时间宜不超过5min

又如，关于厕间内光照强度的要求，在不同标准中要求的值相差甚远（表21），可以看出，2008年发布的《免冲水卫生厕所》GB/T 18092—2008已经将照度推荐值建议到200lx，但是在2019年和2021年发布的标准中远远低于这一推荐值，虽然《农村公共厕所建设与管理规范》GB/T 38353—2019是针对农村公共厕所的，但是单从光照强度来讲，这一指标的城乡差异性不宜太大。

公共厕所相关标准中对光照强度的规定　　　表21

标准编号	内容
GB/T 17217—2021	照度≥50lx
GB/T 38353—2019	一类：照度≥150lx
	二类：照度≥100lx
	三类：照度≥100lx
GB/T 18092—2008	照度≥200lx

又如，通风的要求，强制性标准《市容环卫工程项目规范》GB 55013—2021中未做要求，其他标准，有的采用换气次数，如5次/h或6次/h；有的采用换气量，如85m³/h；有的建议根据厕位数以每坐位、蹲位、站位和换气频率分别进行计算，再取其中大值为计算结果；有的考虑了冬夏两季空气的对流特征，但是大部分是统一而论的（表22）。

公共厕所相关标准中对通风要求的规定　　　表22

标准编号	内容
GB/T 18973—2016	优先采用自然通风，当自然通风不能满足要求时可增设机械通风；换气次数在5次/h以上
CJJ 14—2016	固定式：优先考虑自然通风，当自然通风不能满足要求时应增设机械通风。通风量应根据厕位数以坐位、蹲位不小于40m³/h，站位不小于20m³/h和保证厕所间的通风换气频率5次/h分别进行计算，取其中大值为计算结果
DB11/T 597—2018	应考虑自然通风，当不满足要求时，采用机械通风。采用机械通风时，通风量应根据厕位数以每蹲位、坐位≥40m³/h、每站位≥20m³/h和保证厕所间的冬季通风换气次数≥5次/h、夏季通风换气次数≥10次/h，分别进行计算，取其中大值为计算结果
QC/T 768—2022	卫生间在通电时应有强制排风功能（或其他空气净化除臭装置），乘员如厕时其换气量≥85m³/h（卫生间内部气体每分钟换气约1.5次），无人情况下其换气量≥50m³/h（卫生间内部气体每分钟换气约1次）

再如，厕位数量设计上（表23），强制性标准《市容环卫工程项目规范》GB 55013—2021中规定"公共厕所的男女厕位比例应根据男女如厕性别比例、大小便人数、如厕时间确定"，而其他标准中基本上给出一个建议，还有标准给出了建议的计算公式。比例取值不统一，还无法获知比例确定的过程，缺乏对这一比例合理性的考证。

公共厕所相关标准中对厕位比例的规定　　　　　　　表23

标准编号	内容
GB/T 38353—2019	男女厕位比宜为1:1.5或1:2
CJJ 14—2016	在人流集中的场所，女厕位与男厕位（含小便站位）的比例不应小于2:1。在其他场所，男女厕位比例可按下式计算：$R=1.5W/M$
GB/T 18973—2016	男女分区的厕所男女厕位比例（含男用小便位）不大于2:3。在采用男女通用厕间时，男女厕位比例（含男用小便位）的计算方式为从$(M+X):N$到$M:(N+X)$之间，此比例范围应涵盖2:3

3.标准实施性较差

部分标准在编制时，未能充分考虑内容表达的清晰程度，导致定性指标无法指导实施，比如推荐性标准《公共厕所卫生规范》GB/T 17217—2021中指出"在公共厕所服务区内的男女数量相当情况下，男女厕位比例宜为1:2"。该条规定是为了规划厕位数量，从实施过程来考虑，需要先知道该公共厕所服务区内的男女数量，然后确定男女数量的比例，如果男女数量相当，则采取1:2，反之，如果不相当，则无法确定比例。此外，男女数量相当的情况是否过于理想，从实施性来讲，这一条就很难操作。《城市公共厕所设计标准》CJJ 14—2016中建议"在人流集中的场所，女厕位与男厕位（含小便站位）的比例不应小于2:1，在其他场所，男女厕位比例可按式$R=1.5W/M$计算"。类似地，该条规定需要知道服务人口中的男女比例，这与以距离或步行时间来设置公厕似乎出现了矛盾。

再如，《旅游厕所质量等级的划分与评定》GB/T 18973—2016中对厕间空气质量进行了规定，提出了厕所恶臭强度同恶臭气体浓度及嗅觉感受的关系，主要涉及氨气和硫化氢的浓度及嗅觉感受。但是未给出如何测定厕间氨气、硫化氢气体取样、测试和分析方法，也未提及人工嗅觉的评价方式。

此外，标准的解读、条文说明不公开也导致对标准要求理解出现偏差，实施困难。

4.标准内容缺失、前瞻性差

首先，我国国土广袤，地区气候差异大，尤其是东北、西北地区年平均温度低，冬季长，冻土层深，这就需要对厕所建设和运维的保温防冻提出要求。在现行的标准中，无论是国家标准、行业标准，还是地方标准，对此仅作出描述，缺乏建设、验收、运行指标，如《免水冲卫生厕所》GB/T 18092—2008中提到"冬季结冰地区厕所管路、发泡机构及贮粪箱应有加热保温措施"，《可持续无下水道旅游厕所基本要求》LB/T 071—2019中提到"设置厕具保温系统"。但是保温系统要求达到什么程度，如何解决保温措施的经济性都不明确。其次，对于如厕者的卫生设施、保洁设施、配套设施，诸如洗手池、厕纸机、烘手机等设施设备的要求未提及。最后，厕所是一个系统工程，它包含粪污收集、储存、运输、处理、资源化全链条，现行的标准大多集中在前端，即厕间的建设上，缺乏对粪污处理的关注，更缺乏对粪污处理新技术的补充，仅在《公共厕所卫生规范》GB/T 17217—2021中可以看到对粪污储存、排放、处理的要求，覆盖三格化粪池、沼气池式、双翁及三翁式、粪尿分集式、有完整下水道式厕所类型，但这些都是指导性要求，且属于传统技术。

此外，从对标准的适用范围可以看出，大部分国家标准集中在对规划设计、设施设备方面的规定，行业标准聚焦在规划设计、建设验收上，地方标准则是在国家、行业标准基础之上的细化。这些标准的内容相对传统，对新理念、新方法、新手段、新技术、新产品、新设备的采用不够及时。众所周知，标准化过程本身是新产品、新技术、新方法、新工艺等积累的成果，而新技术、新产品通过标准化后更利于其走向市场、服务社会，这既决定了标准的前瞻性，还有利于激活技术市场，解决标准发布滞后的问题。

5. 标准的验证管理监督缺失

现行公共厕所相关标准中以推荐性标准为主，众所周知，推荐性标准旨在通过经济手段或市场调节促使用户自愿采用，因此推荐性标准指标设置的合理性决定了标准的采纳程度。但目前并没有对推荐性标准指标进行验证，比如在现行的标准中大多以厕所的服务距离来考虑公厕的设置位置，而在厕所内部厕位设计上，仅提出"厕位比"这一个指标，事实上，这一指标忽略了单位厕位的服务人数，也导致如厕难的局面，尤其是在高峰时期的女厕。再比如《环境卫生图形符号标准》CJJ/T 125—2008中环境卫生图形符号的标准，对于厕所的相关标志的接受度、醒目程度缺乏验证，公众寻找厕所难的问题依然存在。正是由于标准制定与标准实施效果之间的衔接反馈不足，缺乏对于标准的可执行性的验证，缺乏生产者、消费者、经营者等利益相关者的监督管理体制，尽管多数公共厕所按照相关要求设计，却依然满意度欠佳。

6.标准编制过程中支撑能力不足

随着人居环境提升的新目标，伴着厕所革命进程，公共厕所的建设与合理运行管理越来越受到重视，各行各业也都在呼吁公共厕所要实现标准化，可以说从中央到地方、从政府到企业，标准编制、修订都是受到极大鼓励的。根据《国家标准制定程序的阶段划分及代码》GB/T 16733—1997，我国国家标准的编制程序包括立项、起草、征求意见、审查、批准、出版几个阶段（图12），全长历时34个月。正如前文所言，标准规定的指标缺少科技支撑、实施验证，导致标准的可实施性差、前瞻性不足等问题，而在标准编制过程中，34个月的历时中仅10个月用于起草标准，这限制了对标准指标的实践验证。此外，在编制过程中，为了确保标准的内容完善性、前瞻性，需要编制工作组在充分认识已有标准的现状、查新标准的更新内容等方面开展大量的工作。可见，10个月对于标准编制组起草标准而言，显然有拔苗助长之意。

图12　国家标准编制流程图

再者，标准编制和修订基本是一项公益事业，大多数标准都是由主管部门或行业发起，组织相关编制单位完成的，基本上属于义务劳动，初心是促进行业的标准化发展或产品的市场流通特性。但是一个标准从编制到有效实施，需要经历多轮理论和实际的验证，标准颁布后宣贯、公开等还需要开放平台的支持，这些都需要相应的经费支撑，而仅靠标准编制工作组的力量是不够的。

最后，标准从起草、审查到实施过程中，相关的科技支撑也显露出不足。对公共厕所标准化基础理论和应用研究欠缺，缺少标准化专业人才，缺少质量标准实验室、标准验证点和产品质量检验检测中心等对标准实施验证。

4 公共厕所标准化体系的构建

标准体系是一定范围内的标准按其内在联系形成的科学的有机整体，是确保各类工程建设和项目实施标准化工作科学性、计划性和有序性开展的重要保证，同时为标准的制定、修订和贯彻实施提供可靠依据。一个好的标准体系不仅能够提供标准化发展蓝图，为标准化人员了解标准化的发展方向，还能够为科学制定和管理标准的制修订计划，防止标准重复、交叉、矛盾或肢解提供基础。本章梳理了公共厕所标准体系的构建原则和方法，提出我国公共厕所标准体系构建思路和推进公共厕所标准化工作的建议。

4.1 公共厕所标准体系构建原则

公共厕所标准体系框架的搭建应遵循目标明确性、系统性、协调性、前瞻性（张烨，2019）的基本原则。

1. 目标明确性

构建公共厕所标准体系的目的是运用标准化的手段，通过对国家标准、行业标准、地方标准、团体标准、企业标准的梳理，使标准体系结构合理，层次清楚，优先制定一批公共厕所建设发展急需标准，填补标准体系的空白，加快公共厕所技术与产品的推广应用，促进公共厕所的建设和管理。坚持目标明确原则，就是要求构建的公共厕所标准体系，应为我国公共厕所标准化工作提供基本依据，保障我国公共厕所标准化工作科学、高效地开展，从而促进我国公共厕所行业健康发展。

2. 系统性

该体系中所有标准均为体系的组成要素，构成一个有共同特性的系统，所有标准的组成完整且配套，基本覆盖与公共厕所建设管理相关的各个领域，标准体系类别、序列划分应尽量准确、适当，层次合理、结构分明，标准之间相互联系、互相依赖，形成强大的体系网络。

3. 协调性

公共厕所涉及城建、旅游、船舶、民航、铁道、建材、环保等多个领域。公共厕所建设和管理的全流程，包括规划设计、建设施工、质量验收、管理维护、服务评价等多个阶段。对已有国家标准、行业标准和地方标准进行细致梳理归纳和分类，从系统的角度，使各子体系间配合得当、分类合理，不存在标准交叉、重复、矛盾以及不协调等现象，维持标准体系的科学性与协调配合。

4. 前瞻性

公共厕所标准体系中子体系的划分确定，既要考虑目前管理部门需要和科技发展水平，也要保证体系的可拓展性，能将公共厕所建设与管理出现的新情况或新问题纳入标准体系建设中，起到科学引导和技术保障作用，便于随着技术的发展而进行灵活扩展，不断完善公共厕所标准体系。

4.2 公共厕所标准体系构建方法

通过查阅目前标准体系研究论文，目前标准体系研究中常用方法主要有四种：层次分析法、过程方法、分类方法和三维坐标法（张莹等，2020）。

1. 层次分析法

层次分析法将复杂标准化对象的总目标、复杂组成等逐层分解，将每项标准放在恰当的层次上，进而将分解后的层级结构映射形成标准体系结构。该方法主要用于处理难以完全用定量方法来分析的复杂问题，适用于具有清晰层次结构、功能组成明确的复杂系统。

2. 过程方法

过程方法是一种广泛应用于企业标准体系的构建的方法。《质量管理体系要求》GB/T 19001—2016将"过程方法"定义为"按照组织的质量方针和战略方向，对各过程及其相互作用进行系统的规定和管理，从而实现预期结果"。过程方法的分析过程更贴近组织的实际经营管理活动，能够更灵活地适应环境变动，对标准体系的管理更方便。在实际应用中，过程方法的应用已经远远超出了企业标准体系构建的范围，因此，凡是符合产品实现过程的特征，并能够进行过程划分的行业或门类，均可使用过程方法建立标准体系。

3.分类方法

分类方法的特点是具体实施中相对比较简单、易于操作，针对大多数不太复杂的系统，分类方法是一种普遍用来构建标准体系的方法。对于分类方法而言，合理确定分类依据是关键。使用分类方法可以获得一个较为全面的标准体系表，标准体系表可以使标准体系更系统地管理，如果将标准体系表进行信息化处理，查询标准、检查或监察标准体系的变化动态等工作都十分方便快捷，分类方法也存在难以与组织的经营管理过程密切结合的缺点（孙雅妮，2020）。

4.三维坐标法

美国学者霍尔博士提出的三维结构（王胜杰等，2020）是系统工程中最常用的方法。霍尔认为，时间、逻辑、知识这三个维度构成了三维方法论空间，分析和处理系统的问题时通常在这三个维度上进行。在分析的空间上，三个维度构成了三维方法论空间（图13）。系统发展的合理时间序列应是规划、制订方案、研发、生产、安装、运行、更新或淘汰等若干阶段。系统工程的逻辑过程包括明确

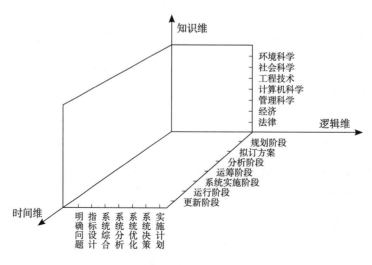

图13　霍尔三维图

问题、系统指标设计、系统综合、优化、决策、组织实施等阶段。系统工程使用的知识维度由法律、医学、工程技术和社会科学等学科内容构成。这一方法论的主要思想是对于每一项具体的系统工程来说，在时间维的每一个阶段，都应该按照逻辑维的顺序走一遍，同时要有知识维上的条件作保证。系统工程的方法论三维结构是构建系统标准体系较全面的方法论。

沈泰昌参照了霍尔首创的系统工程三维结构，结合我国工程研制的特点而提出制订工程系统研制综合计划的三维模式。他将霍尔三维结构中的知识维扩大为条件维，提出了组织计划、情报资料、物资保障、技术措施和仪器设备5项具体条件（张淑贞，1997）。这是对霍尔三维结构很好的补充，使其向前发展了一步。

为了在研究过程中，清楚地看出标准化系统工程的基本步骤及每阶段要进行的作业，以便标准化系统工程工作者能够抓住关键问题，使整个标准化工作获得最佳效果，根据前述的系统工程方法论空间结构和标准属性空间结构的概念，建议在制订贯彻标准系统过程中，把这两种结构结合起来，组成标准化系统工程的六维结构，即条件维、时间维、逻辑维、性质维、对象维和级别维，作为标准化系统工程的方法论基础（图14）。其中逻辑维、时间维和级别维是有方向的，其他三维则是示性的，不一定要讲究先后、高低次序（张淑贞，1997）。六维结构是三维坐标法的延伸。

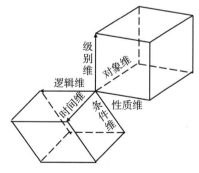

图14　六维结构图

这种方法的优点是：实事求是、遵循规律、符合逻辑、统筹兼顾、目标合理、方案可行，最后可获得一定效果。

4.3 公共厕所标准体系构建

为了保障公共厕所系统在工程建设及管护各阶段质量的标准化与规范化，对公共厕所的标准化体系构建应当从顶层设计入手，结合技术发展的方向，不断建设并加以完善。

标准体系的分类可以从若干不同纬度进行划分，如级别维、序列维、门类维、层次维、专业维、生命周期维等。对标准体系结构框架进行表达时，可将众多维度中的一项作为已知项，其他项目作为可变项，进行多维度的分析和研究（王金满等，2010）。

通过梳理标准体系构建方法可知，过程方法广泛用于产品标准体系构建；分类方法存在难以与组织的经营管理过程密切结合的缺点；当标准化对象特别复杂时，使用层次分析法容易出现标准间交叉重叠的现象；三维坐标法是构建标准体系较全面的方法；三维坐标法的延伸六维结构将标准化系统工程方法论空间结构与标准属性空间结构相结合，在时间维、条件维、逻辑维的基础上增加了标准的基本属性级别维、性质维、对象维，可以更好地表达一个标准。因此，公共厕所标准体系参考三维坐标的延伸：标准化系统工程的六维结构构建，标准体系从时间维、层次维、门类维、性质维、对象维和级别维六个维度构建（图15），层次维划分为基础、通用、专用标准；时间维划分为规划设计、建设验收、管理维护、服务质量、运行评价标准；门类划分为城市公共厕所、农村公共厕所、旅游厕所、医院厕所、学校厕所、交通厕所；级别维划分为国家标准、行业标准、地方标准、团体标准、企业标准；对象维表示产品标准、卫生标准、方法标准、安全标准、基础标准；性质维表示管理标准、工作标准、技术标准。每个维度在对其进行标准体系分析时，都有其各自的侧重点，本文主要从级别维角度构建了标准体系框架图（图16），可以全面、直观地得出各级别标准缺少哪些急需的公共厕所标准，以便各相关部门去落实要制定什么级别的标准。

标准体系框架按照级别维角度国家标准、行业标准、地方标准、团体标准、企业标准层层递进。国家标准分为强制性标准和推荐性标准，国家强制性标准是公共厕所建设与管理的"底线"，必须执行。国家推荐性标准是公共厕所建设

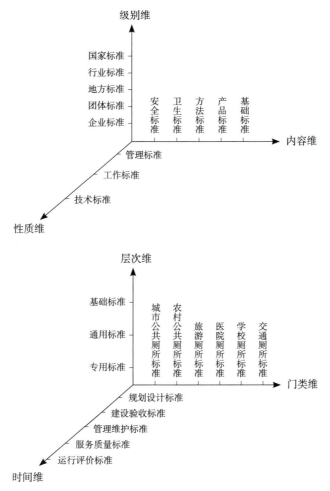

图15　公共厕所六维结构图

与管理的"基本"，与国家强制性标准协调配套，对各有关行业起"引领"作用。行业标准、地方标准也是推荐性标准，行业标准是对没有推荐性国家标准、根据行业需要并促进"统一"而制定，地方标准为满足地方自然条件、风俗习惯等特殊要求制定，两者在于"补遗漏"。团体标准是由各学会、协会、商会、联合会、产业技术联盟等社会团体协调相关市场主体共同制定，满足市场和"创新"需要，促进"发展"。企业标准是为了促进企业的技术与发展需要、提高企业产品与服务质量而制定的高于其他级别标准的标准，在于"强质量"。

　　通过梳理我国公共厕所现行标准以及构建标准体系框架，可以清晰地看出我国公共厕所标准在各级别的建设情况，为公共厕所标准化工作提供进一步指导。

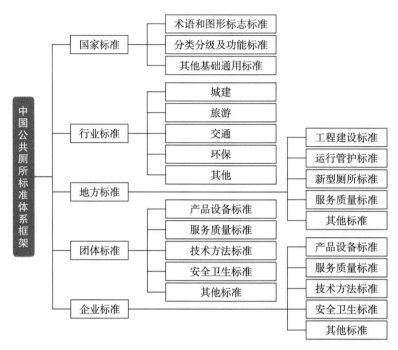

图16　我国公共厕所标准体系框架

目前我国公共厕所标准缺口较大，现提出急需制定的公共厕所标准建议供参考。

（1）缺少公共厕所术语标准、分类标准、专用图形符号和标志标识标准、指南标准、评价标准等基础通用标准。

（2）城市公共厕所缺少明确的建设标准。

（3）我国对医疗厕所和学校厕所标准较少，医疗厕所类型大部分是附属式厕所，由于医院病患的特殊要求，应制定更严格的厕所建设标准、管理维护标准、消毒标准、卫生标准；虽然教育部已经编制了《中小学校无害化卫生厕所建设技术方案》，学校厕所标准可根据地方需要对技术方案改进，制定更详细的地方标准，供本地学校使用。医疗厕所和学校厕所标准可制定为地方标准。

（4）目前，我国高铁、飞机等交通工具上的厕所采用真空厕所，但是我国并没有真空厕所标准，标准制定没有与技术发展同步，该类标准可制定为国家标准。交通领域的道路沿线公共厕所以及汽车站、高速公路服务区等公共厕所均缺少相应的标准来规范建设与管理。

（5）市场上有多种环保节能的新型厕所技术逐渐涌现（微生物堆肥厕所技术、循环水冲厕所技术等），但都没有相应的技术标准作为支撑，不利于该技术的发展与应用。该类标准可制定为国家标准或地方标准。

（6）随着人性化设计越来越受到重视，应明确各个领域公共厕所标准中的无障碍设计，可参照《无障碍设计规范》GB 50763—2012。

（7）相关标准的内容形式应当更加通俗易懂，除了相关原则要求说明之外，应增加解释说明、示意图例，更加通俗易懂，方便使用者高效执行。

4.4 推进公共厕所标准化工作的建议和策略

1.服务全球和国家发展战略，提高标准前瞻性

全球发展正在朝着联合国可持续发展目标的方向迈进，其中，目标6关于清洁饮水和卫生。全球仍有36亿人口无法获得污水和粪便安全处理的卫生设施。公共厕所作为全球卫生设施的重要组成部分，其对全球尤其是发展中国家卫生改善的作用不言而喻。我们国家在"健康中国2030"规划纲要、乡村振兴战略规划等政策文件中都明确提出加强城乡环境卫生综合整治、加快推进人居环境整治、加快改善村庄基础设施和公共环境等要求。2015年以来，明确提及公共厕所的部委以上政策文件不下10个（表24），主要包括公共厕所的选址、规划、建设和维护。2020年，我国明确提出2030年"碳达峰"与2060年"碳中和"目标。"双碳"目标倡导绿色、环保、低碳的生活方式。在公共厕所领域，势必要加快推进绿色环保的新理念、新方法、新手段、新技术、新产品、新设备。

2015年以来与公共厕所相关的政策文件　　　　　表24

时间	政策文件	发布部门	公共厕所相关条文
2015年2月	全国城乡环境卫生整洁行动方案（2015—2020年）	全国爱国卫生运动委员会	加强人员密集地区公共厕所的建设和维护，提高城乡社区物业管理水平，实施"门前三包"制度，保持市容和社区卫生整洁美观
2017年11月	全国旅游厕所建设管理新三年行动计划（2018—2020）	国家旅游局	全文与旅游厕所直接相关
2018年2月	关于做好推进"厕所革命"提升城镇公共厕所服务水平有关工作的通知	住房和城乡建设部	全文与城市公共厕所直接相关

时间	政策文件	发布部门	公共厕所相关条文
2018年12月	关于推进农村"厕所革命"专项行动的指导意见	中央农办，农业农村部，国家卫生健康委，住房和城乡建设部，文化和旅游部，国家发展改革委，财政部，生态环境部	◇协调推进农村公共厕所和旅游厕所建设。 ◇农村公共厕所建设要以农村社区综合服务中心、文化活动中心、中小学、集贸市场等公共场所，以及中心村等人口较集中区域为重点，科学选址，明确建设要求。可按相关厕所标准设计，因地制宜建设城乡接合部、公路沿线乡村和旅游公厕。 ◇对公共厕所、旅游厕所实行定位和信息发布
2019年7月	关于切实提高农村改厕工作质量的通知	中央农村工作领导小组办公室，农业农村部，国家卫生健康委，文化和旅游部，国家发展改革委，财政部，生态环境部	◇明确农村公共厕所管理的责任主体，做到定期清扫、清理和巡查，发现故障及时维修
2020年7月	关于印发《农村厕所粪污无害化处理与资源化利用指南》和《农村厕所粪污处理及资源化利用典型模式》的通知	农业农村部办公厅，国家卫生健康委办公厅，生态环境部办公厅	◇县级财政投资建设农村公共厕所、污水管网、污水处理设施等。乡镇是农村公共厕所长效管理的责任主体；行政村是监管主体；保洁员是具体责任主体，负责农村公共厕所日常保洁、厕具维修、管道维护等
2021年11月	"十四五"推进农业农村现代化规划	国务院	◇合理规划布局农村公共厕所，加快建设乡村景区旅游厕所。加快干旱、寒冷地区卫生厕所适用技术和产品研发。推进农村厕所革命与生活污水治理有机衔接，鼓励联户、联村、村镇一体化处理
2021年12月	"十四五"旅游业发展规划	国务院	◇推动旅游厕所及旅游景区、度假区内部引导标识系统等数字化、智能化改造升级。 ◇统筹推进厕所等基础设施建设。 ◇合理配置厕所，建设一批示范性旅游厕所，进一步巩固旅游厕所革命成果
2021年12月	农村人居环境整治提升五年行动方案（2021—2025年）	中共中央办公厅，国务院办公厅	◇合理规划布局农村公共厕所，加快建设乡村景区旅游厕所，落实公共厕所管护责任，强化日常卫生保洁。 ◇加强厕所粪污无害化处理与资源化利用
2022年5月	乡村建设行动实施方案	中共中央办公厅，国务院办公厅	◇合理规划布局公共厕所，稳步提高卫生厕所普及率。统筹农村改厕和生活污水、黑臭水体治理，因地制宜建设污水处理设施，基本消除较大面积的农村黑臭水体

在厕所技术发展基础上，我们有必要制定标准，从而响应联合国可持续发展目标，支撑我国发展战略。需要提高标准前瞻性，密切关注公共厕所未来的发展方向，例如无下水道厕所和节水卫生环保的公共厕所。

2.加强标准系统性设计，完善标准研制

构建公共厕所标准体系既是厕所标准化顶层设计工作，又是厕所标准化的基础建设工作，对于厕所标准化工作具有重要意义（麦绿波，2010）。公共厕所标准应进行系统性设计，保证基本覆盖与公共厕所建设管理相关的各个领域，标准间互相联系，互相依赖，互相协调，互为补充。

充分利用多部门协调、多标准化技术组织协作等机制，统筹产学研用各方力量，加强标准关键技术指标的试验验证，加快重点急需标准制定，推进标准体系有效落实。构建整合资源，搭建公共厕所标准编制的政—产—学—研—用平台，充分发挥各机构的优势，为标准科学化研制提供支撑。第一，标准主管部门对厕所行业给予关注和支持；第二，厕所企业能够坚持自主创新，不断研发低碳环保的公共厕所产品；第三，培养一批从事厕所技术研发和编制公共厕所标准的高素质专业人才；第四，鼓励具有学术背景的科研人员投身到公共厕所相关的成果转化和标准的编制，例如，研发符合人机工学的厕所便器和粪污无害化与资源化处理技术；第五，以人为本，重视厕所使用者和标准执行者的意见，让公共厕所标准实施起来具有可操作性。

3.查缺补漏，填补空白

根据构建的标准化体系，查缺补漏，及时更新。编制《公共厕所建设管理标准体系建设指南》，有力有序指导公共厕所标准的制定和实施。尽快编制公共厕所相关术语、分类等基础标准，例如，可以从"厕所革命""美丽乡村""农村人居环境改善""生态文明"要求出发，补充编制基础性、通用性的国家标准，如《公共厕所术语和标志标识标准》《公共厕所功能要求及等级划分标准》等。围绕公共厕所改造及粪污处理相关产品设备、工程建设、技术方法、运行管理、安全卫生等方面标准存在的短板，尽快编制通用标准。例如，《公共厕所术语和标志标识标准》应依据不同领域、不同地区等不同分类方法，对公共厕所进行详细分类，将净化槽式厕所、循环水冲式厕所、免水可冲式厕所、生物降解式厕所、生物堆肥式厕所、焚烧厕所等新的厕所类型纳入标准范围。《公共厕所常用语英文

译写规范》应对目前公共厕所常用语的英文翻译进行规范，特别是在一些国家重点旅游区（景点）等境外游客密集的地方，避免词语的混淆和误解。《无下水道公共厕所》标准应该明确无下水道公共厕所分类标准，突出与现行《免水冲卫生厕所》的区别，或者完全替代。

将公共厕所污水进行原位处理并循环利用（例如冲厕）的公共厕所已经在市场上出现，这种公共厕所不仅可以节约水资源，而且降低了污染物对环境的影响，是典型的低碳环保公共厕所，符合国家"双碳"目标。我国虽然有《城市污水再生利用 城市杂用水水质》GB/T 18920—2020规定冲厕水的基本控制项目，但再生水原水是城市污水，与独立的公共厕所污水有很大差别，未来可以专门针对独立的公共厕所污水的处理技术进行规范，并且对污水原位处理后的冲厕水的水质指标进行控制。随着国家对环境保护的要求越来越高，公共厕所粪污排放必须得到有效控制。此外，我国公共厕所污水排放没有明确的排放标准，往往参照执行《城镇污水处理厂污染物排放标准》GB 18918—2002，但是厕所污水体量小、水质差别大，与城镇污水处理厂的处理工艺不具有可比性。参照农村生活污水排放标准，2018年前农村生活污水排放标准基本上是空白，不得不参照《城镇污水处理厂污染物排放标准》GB 18918—2002。自从2018年住房和城乡建设部和生态环境部联合发布了关于加快制定地方农村生活污水处理排放标准的通知，目前，所有省市都已经发布了符合地方实际情况的农村生活污水排放标准。因此，有必要对公共厕所污染物的排放制定相关标准。

自2019年全球暴发新型冠状病毒肺炎疫情以来，公共厕所已经被证明是新型冠状病毒传播的敏感场所。过去两年，仅有少数省份出台了关于公共厕所的新型冠状病毒肺炎疫情防控技术规范或指南，全部都是地方标准，在一定程度上弥补了公共厕所在疫情防控下管理的不足，有必要从国家层面和行业层面出台专门针对传染病预防的公共厕所管理标准。

4.积极发展公共厕所团体标准和企业标准

2017年修订的《中华人民共和国标准化法》首次将团体标准纳入法律体系。团体标准和企业标准是市场自主制定的标准，是自愿性标准。通过培育和发展团体标准，建立政府主导制定的标准与市场自主制定的标准协同发展、协调配套的新型标准体系。国家标准从提出到发布的周期过长，至少需要三年时间。团体标准具有周期短，相对灵活，可以有效弥补由于国家标准周期长导致的滞后市场的空缺，从而引领行业发展。2021年出台的《国家标准化发展纲要》提出，到2025年，标准供给由政府主导向政府与市场并重转变。为贯彻落实《国家标准化发展纲要》，规范团体标准化工作，促进团体标准优质发展，2022年2月，国家标准化管理委员会等17部门联合印发了《关于促进团体标准规范优质发展的意见》。目前，我国团体标准和企业标准较少。我国社会团体的标准管理更加灵活，立项编制到审查发布的周期较短，符合申请立项的单位将新材料设备工艺尽快地标准化，从而推向工程建设市场中应用的初衷。一些急需制定的新型厕所技术标准可以首先制定团体标准，以更好更快地应用到市场且灵活性强。鼓励行业内领头企业参与标准化活动，标准的完善和发展离不开市场的作用，市场机制带来的良性竞争能够促进标准体系的建立，让企业成为参与技术研发和标准制定的重要参与者有利于调动企业的利益驱动机制，弥补政府标准编制及试点示范资金的不足，让技术标准更加体现市场意志、维持市场秩序。2022年8月，中国城市环境卫生协会标准化技术委员会组织制定了《2021—2022年中国城市环境卫生协会团体标准制修订计划（第六批）》，明确了开展环境卫生方面的团体标准制定工作，紧紧面向公共厕所技术和发展需求。因此，标准的建设方面应在编制构建国家标准体系的基础上，鼓励企业、社会团体、科研机构等开展和参与标准化工作，逐渐形成市场驱动、政府引导、企业为主、社会参与、开放融合的标准化工作格局，以更好地解决标准缺失问题。

5.组建专门的公共厕所标准化技术委员会

农业农村部为加强农村厕所建设与管护标准化工作，构建农村厕所建设与管护标准体系，已成立农村厕所建设与管护标准化技术委员会，委员会由27名委员组成（农业农村部，2020）。通过协调各方力量，推进农村厕所革命，努力补齐乡村振兴的短板。类似的，对于公共厕所，也需要组建专门的公共厕所标准化技术委员会。目前，与公共厕所可能有交集的现有全国标准化技术委员会见表25。公共厕所标准化技术委员会需要广泛吸纳政府部门、科研机构、检验检测机构、认证机构、行业协会、企业、用户以及消费者代表等参与标准化工作，定期举行公共厕所标准讨论会议，开展厕所领域科研人员的标准化宣传和培训。依托互联网建立产业联动的公共厕所标准化平台，推动地方政府、民间协会、企业协商共建，共同助推标准体系建设，实现标准信息共享，推动公共厕所制度化、体系化、规范化、品质化发展。同时，统筹公共厕所标准化工作，对标准实施情况进行审评、监督、检查，集中资源尽快推进关键、急需标准的制修订工作，提高标准化管理效率，从而建立高效权威的公共厕所标准化协调推进机制，尽快解决公共厕所标准滞后、缺失、重复等不协调的问题。

现有与公共厕所相关的标准化技术委员会　　　　表25

序号	标准化技术委员会名称	技术委员会编号
1	全国旅游标准化技术委员会	TC210
2	全国城镇环境卫生标准化技术委员会	TC451
3	全国建筑卫生陶瓷标准化技术委员会	TC249
4	全国建筑节水产品标准化技术委员会	TC453
5	全国城镇给水排水标准化技术委员会	TC434
6	全国城市公共设施服务标准化技术委员会	TC537
7	全国真空技术标准化技术委员会	TC18

6. 提高标准服务能力，加强标准宣贯培训

标准的出台需要经历立项—编制—征求意见—送审—审查的完整过程，缺一不可。在标准体系构建的过程中，需要对已有标准的现状有清晰的认识和把握。建议标准主管部门或者"公厕委"将公共厕所相关标准都在网络平台公开发布，方便公众获取。为了保证拟立项标准没有重复设置现象，建议将有关标准查新机构的信息公之于众，让有志于编写标准的单位能够及时获取查新服务。公共厕所标准化的各项效果，只有在标准实施前进行认真宣贯，从实践中来到实践中去，才能检验标准的质量，才能更好地发挥标准的应有作用，对公共厕所行业的发展起到事半功倍的作用。标准宣贯方法包括专题培训、图文结合、制作宣传短片、标准转化、标准文本传阅等。建议公厕委定期举办公共厕所标准化培训班，将一些新理念、新方法、新手段、新技术、新产品、新设备及时分享给公共厕所从业者（包括环境卫生管理部门、公共厕所制造厂家、公共厕所管理维护人员、技术研发人员等）。

7. 深度参与国际标准化工作，扩大中国标准国际影响力

目前，我国学者已经参与了《ISO 30500：2018 Non-sewered sanitation

systems－Prefabricated integrated treatment units－General safety and performance requirements for design and testing（无下水道卫生系统—预制集成处理单元—设计和试验的一般安全和性能要求）》的标准制定工作，这对于我国无下水道卫生系统技术的研发与应用具有重要意义。2019年，文化和旅游部发布了《可持续无下水道旅游厕所基本要求》LB/T 071—2019，促进了无下水道卫生厕所的应用。《ISO 24521：2016 Activities relating to drinking water and wastewater services－Guidelines for the management of basic on-site domestic wastewater services（与饮用水和废水处理服务有关的活动——基本现场生活废水服务管理准则）》和《ISO 31800：2020 Faecal sludge treatment units－Energy independent，prefabricated，community-scale，resource recovery units－Safety and performance requirements（粪污处理装置—自主能源、预制式、社区规模资源回收装置—安全和性能要求）》这两个国际标准分别对废水处理和粪便处理单元进行了规定，其中ISO 24521提出厕所的粪便和尿液可以进行分离设计，ISO 31800对社区规模（服务人口约为1 000～100 000人）的粪便污泥资源回收处理装置的性能、安全性、可操作性、可维护性进行了规定，并对处理装置输出的固体、液体、气体排放以及臭味和噪声排放规定了最低要求（Cid等，2022）。对于先进的国际标准，我们要吸收采纳，对于还未制定且亟须的标准，我们要积极制定。未来，我国更要积极参与到国际标准的建设中，在夯实我国标准化基础的同时，紧跟国际标准化发展，充分发挥我国在国际标准化推进事务中的作用，深入开展标准化战略与对策研究，积极推进国际标准化合作，定期举办和积极参加标准化国际论坛，积极参与ISO等国际标准化活动，深化公共厕所领域的国际标准合作，提升我国对国际标准化活动的贡献度和影响力，实现与国际标准的互认互通，加大国际标准的跟踪、评估力度，使其尽快转化为适合我国国情的标准，为我国公共厕所标准化建设服务。

下篇

案例1 全自动智能健康监测公厕

1.公厕名称：江苏盐城海洋路"网红水纹"公厕

2.公厕地点：江苏省盐城市盐都区达信路与海洋路交叉口以南

3.公厕规模：占地166m²（含附属配套设施），男厕坐便器1个，蹲便器3个，小便器6个；女厕坐便器1个，蹲便器9个，儿童小便斗1个；有第三卫生间

4.投资费用：135万元；运行费用：10万元/年

5.项目单位：江苏重明鸟厕所人文科技股份有限公司

建设单位：盐城市盐都区人民政府盐渎街道办事处

运维单位：江苏重明鸟厕所人文科技股份有限公司

投入使用时间：2020年10月

6.公厕特点：新技术、智能化、高水平管护等

7.公厕类别：城市

8.公厕简介：

依据《装配式钢结构建筑技术标准》GB/T 51231—2016、《城市公共厕所设计标准》CJJ 14—2016、《公共厕所卫生规范》GB/T 17217—2021、《恶臭污染物排放标准》GB 14554—93、《无障碍设计规范》GB 50763—2012等要求进行优化设计。在便器设计方面，使用了免冲水小便斗，节水量为15万L/年，陶瓷表面实施钙系纳米级抗污防菌技术，能有效地抑制细菌的滋生，从而清除了尿液因菌化作用而产生的异味及尿垢和尿碱。在厕间通风方面，该厕所通过管道与各洁具设备进行相连，不破坏洁具自身结构功能，利用空气压差，结合行风原理，达到自然换气的全过程循环系统，换气量可达200m³/h。粪污处理方面，则是采用微生物处理系统，利用微生物分解污物抑味，减少清掏作业量，出水水质达到《城

镇污水处理厂污染物排放标准》GB 18918—2002中的一级B排放标准。在厕间设计上，优化传统的踢脚线的藏污纳垢的弊端，通过计算水渍吸附系数，将踢脚线定制成一定程度弧状，既美观又能让水污无法存留，让病菌无处滋生，让清洁更加方便，从源头上解决问题。此外，该公厕还将智能化设计融入其中，配置高科技智能健康监测马桶，实现无创无扰尿检。此为国内首款全自动智能健康监测马桶，其中的监测芯片可以提供精准监测20+项尿液中的常用标记物。从健康智能硬件到定制化健康服务。该厕所还改变原有扫码/扫脸取纸方式的弊端（违背公共服务公平原则，人脸信息安全性问题等），提升了以人为本的公厕服务体验。对比传统供纸方式，可节约超过66%的日常耗材浪费，解决耗材成本控制难题，让厕纸这一核心服务得以普及。还通过传感器、物联网、大数据、云计算、边缘计算、网络传输等技术，对公厕进行智能化管理和数据收集。

9.公厕图片

公厕外观图

公厕内部图

案例2　城市人性化设计公厕

1.公厕名称：上海临港雪绒花路公厕

2.公厕地点：上海市临港片区雪绒花公路

3.公厕规模：占地面积73.72m²，男厕设有蹲便器4个，小便器5个，坐便器1个；女厕设有蹲便器5个，坐便器2个；设有第三卫生间1个，24h卫生间2个

4.投资运行成本：投资133.2万元，维护成本1.8万元/月

5.项目单位：上海市临港新片区生态环境绿化市容事务中心

建设单位：联嘉集盛（苏州）环境科技有限公司

运维单位：上海乐幻环境科技有限公司

投入使用时间：2021年9月

6.公厕特点：新技术、智能化、高水平管护等

7.公厕类别：城市

8.公厕简介：

该公厕整体的通透性和亮化工程成为主要设计理念。正外立面采用镀膜玻璃，既保证了公共卫生间的通透，又能突出自然采光的效果。其余外立面采用户外烤漆艺术玻璃及冲孔铝单板花卉图案。公厕的入口两侧设置了休息座椅和绿植。厕间门旁配置LED显示屏，可显示有/无人使用、实时显示当前温度、湿度、天气预报等信息。使用者进入厕间，自动播放使用须知，根据不同的天气、情景智能播放背景音乐。在洗手台、整容镜、安全扶手等细节设置上体现人性化。该公厕还含"智能引导系统"，可显示公共卫生间的平面图、厕位的使用情况、当前人流量、用电、用水等数据。

该公厕的出入口处独立设置"第三卫生间"，安装了儿童如厕、母婴器具，

配套各类无障碍设施，满足特殊人员的需求。公厕特别增设24h开放卫生间。厕内将文明标识标语上墙，引导市民文明如厕。管理间配置便民服务区，整齐地放置了洗手液、老花镜、针线盒、指甲剪、充电线、常用医药等物品。管理间内设热水、空调和淋浴间，为环卫职工提供一个休息、清洁的空间。厕间采用感应水龙头、抑菌陶瓷感应便器、儿童专用抑菌坐便器等智能洁具。

9.公厕图片

公厕外观图

公厕内部图

案例3　农村一体式生态环保公厕

1.公厕名称：清镇市渔樵耕读文化茶园山庄乡村公厕

2.公厕地点：贵州省清镇市新店镇中坝村

3.厕所规模：无性别公厕，占地面积22.56m²，蹲坐两用便器1个，免水冲小便器1个，立柱洗手池1个，人工仿生湿地1座

4.投资运行成本：投资费用（含房体等改造）1.6万元，维护成本0.03万元/年

5.建设单位：清镇市新店镇中坝村村民委员会

施工单位：江苏朗逸环保科技有限公司

运维单位：清镇市渔樵耕读文化茶园山庄

投入使用时间：2021年5月

6.公厕特点：新技术、低成本、免水冲、易维护、资源化再利用等

7.公厕类别：农村

8.公厕简介：

该公厕由老式旱厕改造而来。将村民户用水冲厕所的粪污及生活污水统一收集，通过人工仿生湿地净化治理后进行植物种植并达标排放。将原公厕内部墙体拆除，男女两厕间改为无性别厕屋。公厕的尿液与旁边居民生活污水一起进入玻璃钢一体三格化粪池，在化粪池内通过复合生态菌群技术初步对污水沉淀、过滤、发酵、无害化处理后，再进入人工仿生湿地，采用垂直潜流型湿地模式，将污水经四层过滤基质由下而上经过湿地池，通过吸附、滞留、过滤、氧化还原、沉淀、微生物分解、转化、植物遮蔽、残留物积累作用，利用土壤、人工介质、植物、微生物的物理、化学、生物三重协同作业对污水污泥进行净化处理。粪便通过菌、酶等生物集成技术，达到粪便高效降解、消除恶臭、抑制病菌害虫等多

重功效，实现减量化和无害化，减少粪便量达到80%以上，降低清掏频率与使用成本，减少环境危害，产出的有机肥可直接作为自留地花、菜基肥，或通过集中收集用作园林绿化施肥以及深加工制成有机肥。

9.公厕图片

改造前公厕

改造后公厕

案例4　多功能独立式公厕

1.公厕名称：浙江之心·心意馆

2.公厕地点：浙江省金华市磐安县新兴街

3.厕所规模：占地552.2m²，男厕坐便器1个，蹲便器3个，小便器4个；女厕坐便器1个，蹲便器5个；包含第三卫生间

4.投资成本：投资549.8万元

5.项目单位：北京康之维科技有限公司

建设单位：磐安县旅游发展有限公司

运维单位：磐安县旅游发展有限公司

投入使用时间：2021年12月

6.公厕特点：新技术、智能化等

7.公厕类别：城市，旅游

8.公厕简介：

"浙江之心·心意馆"，是一座便民休闲及公厕综合体，分上下两层，一层涵盖"磐安心意"特色展示区、公共卫生间、应急救援室、便民服务区等功能；二层涵盖公共图书吧、茶水吧、洽谈休息区等功能。同时搭载新能源客车、快速充电桩、CTRLWAY共享储能等功能。设计使用人次为1 000人/日。在厕间设计上，运用自吸式全自动水汽混合节水装置、双浮钟罩式防臭地漏及双浮微水冲小便斗、空气置换系统等产品，达到高效率节水、超强功能冲厕、无臭化健康。

9.公厕图片

公厕外观图

公厕内部图

案例5　附属式真空公厕

1.公厕名称：北京东华门真空公厕

2.公厕地点：北京市东城区东华门大街68号（故宫东华门外100m临街）

3.厕所规模：男厕蹲便器3个，小便器3个；女厕蹲便器8个；有第三卫生间：残疾人真空坐便器1个、儿童坐便器1个

4.投资成本：投资约85.5万元

5.建设单位：北京市东城区环境卫生服务中心

施工单位：北京国科绿源环境科技有限公司

运维单位：北京市东城区环境卫生服务中心三队

　　　　　北京国科绿源环境科技有限公司运维科

投入使用时间：2018年8月

6.公厕特点：新技术、智能化、高水平管护等

7.公厕类别：城市、旅游

8.公厕简介：

该公厕下面是住户和储藏室，过去是传统水冲式厕所，曾发生过粪尿污水泄漏，造成下面的住户和储藏室被淹。目前采用了真空技术，利用负压原理，将厕所粪污集中收集到储存罐，然后由吸粪车定期清空。真空厕所每次冲水量约0.5L，由于采用负压抽吸，公厕的臭味现象也得到极大改善，省去了过去公共厕所机械排风除臭装置，在一定程度上节省了部分电费。经测算，每月可节省水费2 000元以上，真空抽吸产生的电费比传统水冲公厕每月多了约100元。由于粪污减容，粪污清运费每月可节省20 000元以上。在人工费上，与传统水冲式公共厕所持平。该公厕日平均使用次数高达2 530次，是超高客流量旅游区公共厕

所的典型代表。

9.公厕图片

公厕外观图

公厕内部图

案例6 结构装配式公厕

1.公厕名称：深圳"朗读亭"公厕

2.公厕地点：深圳市南山区蛇口招商路

3.厕所规模：占地40m²，男女标准厕位单元3个，第三卫生间1个，工具间1个

4.投资运行成本：投资140万元，年运行费用15万元

5.项目单位：深圳市南山区城市管理和综合执法局

建设单位：深圳有向空间设计工程有限公司

运维单位：深圳市能源环保有限公司

投入使用时间：2019年12月

6.公厕特点：新技术、智能化、高水平管护等

7.公厕类别：城市

8.公厕简介：

该公厕由几段光亮像镜面一样的玻璃钢弧形拼成，5个"朗读亭"错落有致，反射出周围的树木和来往行人，勾勒出独特的艺术美感。公厕采用日本原装keytex专用自动门系统，使用寿命超20万次，可自动识别是否有人使用，避免敲门催促的尴尬。如厕完毕，只需站在自动洗手机旁边，18s即可完成出泡沫、冲洗、擦干的环保洗手流程。该公厕采用装配式施工，在工厂生产装配，所有成品及零配件标准化、部品化，具备收集设备使用、清洁督导、环境指数、耗材管理等数据的智慧管理系统。

9.公厕图片

公厕外观图

公厕内部图

案例 7 免水冲生态环保厕所

1.公厕名称：四川喇叭河景区旅游厕所

2.公厕地点：四川省雅安市天全县二郎山喇叭河风景区索道下站（海拔3 300m）

3.厕所规模：占地142.8m^2，男厕坐便器1个，蹲便器3个，小便器3个；女厕坐便器2个，蹲便器10个；有第三卫生间及管理间

4.投资运行成本：投资建设费146万元，年运行费用8.3万元（含管理人员费5万元）

5.项目单位：天全县二郎山生态旅游开发有限公司

建设单位：江苏华虹新能源有限公司

运维单位：天全县二郎山生态旅游开发有限公司

投入使用时间：2021年11月

6.公厕特点：新技术等

7.公厕类别：旅游

8.公厕简介：

该公厕最大的特点是免水冲，粪便在源头上经无害化处理，实现资源化利用，制成有机肥料和叶面肥料；将充分利用自然资源，无废水、废渣排放，无需开挖敷设污水管网。该公厕经处理后的粪便及微生物及其载体混合物定期排出，排出物达到《粪便无害化卫生要求》GB 7959—2012标准规定的无害化要求，可作为有机肥资源化利用；小便经处理后可用作液体肥料资源化利用。在厕所处理槽内重新加入微生物及其载体即可继续使用。

9.公厕图片

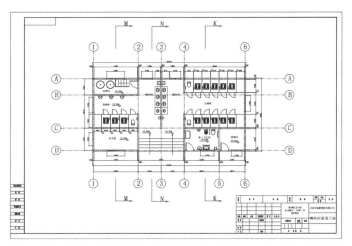

公厕平面图

公厕外观图

公厕内部图

案例8　低碳生态公厕

1.公厕名称：江苏科赫生态智能卫生间

2.公厕地点：江苏省无锡市新吴区新韵路

3.厕所规模：占地133m²，男厕坐便器1个，蹲便器2个，小便器2个；女厕坐便器2个，蹲便器6个；有第三卫生间、管理间和环卫驿站

4.建设单位：江苏飞慕生物科技有限公司

运维单位：江苏飞慕生物科技有限公司

投入使用时间：2021年11月

5.公厕特点：新技术、智能化、高水平管护、无排污生态降解便污等

6.公厕类别：城市

7.公厕简介：

该公厕采用超节水的科赫泡洗式洁具及配套设备，相比常规水冲卫生间综合用水量可节约70%以上，隔绝病菌通过气溶胶传播，既防疫又隔绝便污的视觉污染和臭味。

该公厕安装了无排放全资源化处理系统设备，这套设备可以将厕所内高浓度污水直接收集到集污罐中，再通过污水泵抽入发酵仓。整个设备有三段发酵仓，分段进行发酵分解，最后净化的水可为公厕净水槽提供洁净的回冲用水，发酵的气体由生物吸收塔净化后变成洁净的空气，而通过高温发酵产生的固体将变成有机肥料。整个发酵净化过程在20～30天，一台设备预计年产有机肥可达50t左右。此外，该厕所还配备了内部烟雾探测器、温度传感器、扫脸出纸机以及智能保洁机器人等现代化管理设施设备。

8.公厕图片

零排污固体发酵方舱科赫物联网管理系统

公厕内部图

案例9 农村学校循环水冲公厕

1.公厕名称：广东惠州阳光小学公厕

2.公厕及项目地点：惠阳区平潭镇阳光村阳光小学

3.厕所规模：2套无管网全循环水冲厕所，占地约42m²；男厕蹲便器2个，小便器6个；女厕蹲便器6个；无第三卫生间

4.投资运行成本：212.83万元，年运行费用3万元

5.项目单位：惠州市惠阳区平潭镇人民政府

建设单位：图方便（苏州）环保科技有限公司

运维单位：平潭镇阳光村阳光小学

投入使用时间：2019年11月

6.公厕特点：新技术、智能化、无下水道卫生间等

7.公厕类别：学校、农村

8.公厕简介：

该公厕不连接市政集中排水管网，按照循环水冲生态厕所设计理念，将使用过程中所产生污水通过无害化处理，再次用于厕所冲厕使用。主体工艺采用缺氧—好氧生化工艺，能大幅度降解污染物质，生化之后采用MBR膜片对悬浮物和胶体进行截留，出水清澈无异味，最终辅之以臭氧消毒，确保出水达标。MBR是膜分离技术和活性污泥法相结合的一种先进的水处理技术，利用膜的截留作用使微生物完全被截留在生物反应器中，实现水力停留时间和污泥龄的完全分离，使生化反应器内的污泥浓度从3～5g/L提高到10～20g/L，从而提高了反应器的容积负荷，使反应器容积减小。

整个过程全自动控制，实现全部自循环及污水"零"排放，每年可节约清洁

淡水资源约3 500t，厕所洁具表面采用纳米处理，厕所门外安装LED电子屏，厕内装有智能新风系统。

9.公厕图片

公厕外观图

公厕内部图

案例10　农村智能管护公厕

1.公厕名称：山东胶州新农村公厕

2.公厕地点：山东省青岛市胶州（市）三里河街道办事处刘家村村委会

3.厕所规模：占地76.56m²，男厕蹲便器4个，小便器4个；女厕蹲便器8个；有第三卫生间，男女各一个无障碍厕间

4.投资运行成本：投资25万元，年运行费用6.5万元（人工水电、农村公厕智能管护系统）

5.项目单位：

建设单位：山东省青岛市胶州（市）三里河街道办事处刘家村村委会

运维单位：山东省青岛市胶州（市）三里河街道办事处刘家村村委会

投入使用时间：2021年7月

6.公厕特点：新技术、智能化、高水平管护等

7.公厕类别：农村

8.公厕简介

该公厕使用先进的智能物联网技术实现公厕自动报抽、异味自动报警、人流量实时监测、保洁员智能考勤等智慧化管理，结合云计算、大数据，实现所有管护数据的汇总统计，管理员只需通过电脑就可远程监管区域内所有公厕管护情况，有效节约人力和物力，并为长效管护提供科学有效的数据；全面整合区域内所有公厕数据，为公众提供最多的如厕选择，结合用户当前位置信息，自动显示本区域所有公厕，可一键导航。村民可对所在区域内的公厕进行"投诉、建议、问题"等类型的反馈，该反馈信息将同步传输到PC端管理员后台，管理员可实时查看村民的反馈信息并可根据该信息进行及时有效的治理。

9.公厕图片

公厕外观图

农村公厕智能管护平台

案例11　颐和园微水冲公厕

1.公厕名称：颐和园绣漪桥微水冲装配式卫生间

2.公厕地点：北京市颐和园绣漪桥西侧50m

3.厕所规模：占地138m²，男厕坐便器1个，蹲便器3个，小便器4个（免水冲）；女厕坐便器2个，蹲便器12个；有第三卫生间；一个大厅：配置5个感应免洗洁手液盒

4.投资运行成本：投资约130万元，年运行费用约15万元

5.项目单位：北京市颐和园管理处

设计建造单位：北京爱贝空间科技有限公司

运维单位：北京市环卫集团

投入使用时间：2022年1月

6.公厕特点：新技术、智能化、微水冲等

7.公厕类别：旅游

8.公厕简介：

该公厕是由两座50m²的泡沫技术卫生间改建而来。设计采用了我国北方古建风格，结合现代的材料，既有古建园林的格调又有现代卫生间的舒适。公厕设计日使用人次是3 000～4 600人次，最高超过10 000人次。该公厕没有市政污水管网，采用双层化粪池收集，粪污抽运至粪便处理厂处理，该公厕选用微水冲蹲便器系统和免水冲小便器，洁手设施采用感应式免洗洁手液盒，化粪池容量可满足35 000人次如厕，抽运周期至少14天。按照非疫情期间该厕所的人流量统计平均每天约2 000人如厕，每年约有73万人次如厕，按照男女1:1，大小便需求1:9测算，该厕所采用微水冲便器，每次冲水量0.7L，每年如厕用自来水275t，

产生污水约457t（含人体排泄物），清运处理污物需要的费用大约59 410元；如果采用陶瓷普通便器年耗水约3 400t，污水量约3 582t。微水冲便器系统的智能控制器通过传感器自动控制冲洗量、自动排风、智能润盆、水封隔臭，既保证了便器的隔臭效果和厕位间的换气次数，又可以节约能源；小便器采用免水冲小便器，厕所与普通水冲厕所比较综合节水率可达到87%，排放污水减少84%，节水减排、低碳环保。另外，每排厕位的排水主管道上都有一个负压排气管，随时排出管道内的异味。厕所取暖采用空调，夏季还可以提供制冷功能，极大地提升了旅游品质。

9.公厕图片

公厕外观图

公厕内部图

案例12　电化学原位处理公厕

1.公厕名称：宜兴森林公园—桂花园公共厕所项目

2.公厕地点：宜兴森林公园—桂花园公厕

3.厕所规模：占地180m²，男厕坐便器1个，蹲便器2个，小便器3个；女厕坐便器1个，蹲便器5个；1个第三卫生间

4.投资运行成本：投资85万元，年运行费用约1万元（不含卫生清洁费）

5.项目单位：宜兴市城市建设发展有限公司

建设单位：宜兴艾科森生态环卫设备有限公司

运维单位：宜兴艾科森生态环卫设备有限公司

投入使用时间：2017年7月

6.公厕特点：新技术、高水平管护等

7.公厕类别：城市、旅游

8.公厕简介：

该公厕不连接集中排水管网，采用电化学技术将粪污就地处理后，实现冲厕水的达标排放。该公厕使用人数为1 800～2 500人次/天，粪污处理量为10m³/天。设计以生化+电催化氧化（ECR）技术为主体工艺。厕所污水自流到化粪池进行腐化、熟化，然后到后续多级生物净化槽中进行厌氧、好氧处理，降解氨氮、COD等水中污染物，最后经ECR处理，进一步处理氨氮以及去除色度、臭味，杀灭所有的细菌、大肠杆菌等，使出水水质达标（一级A）排放。该工艺可以快速高效去除有机污染物，并具有显著的消毒杀菌、除臭、脱色效果，安全卫生，处理效果稳定可靠。

9.公厕图片

桂花园公厕外观（左）和内部（右）照片

电催化氧化（ECR）单元

案例13 负压分质资源化公厕

1.公厕名称：南宁那考河3号负压分质资源化公厕

2.公厕地点：南宁那考河天狮岭路十字岔路口

3.厕所规模：建筑面积约126m²，男厕（6套气冲蹲便器、8套气冲小便器），女厕（10套尿液分离气冲蹲便器），无障碍卫生间（1套尿液分离气冲蹲便器），1套负压密闭分质收集中心（负压站）

4.投资运行成本：运行费用12万元/年

5.项目单位：万若（北京）环境工程技术有限公司

建设单位：北京城建道桥建设集团有限公司

运维单位：北京排水集团（南宁公司）

投入使用时间：2017年1月

6.公厕特点：新技术、智能化、高水平管护等

7.公厕类别：城市、旅游

8.公厕简介：

该公厕建筑上为左右对称设计，位于那考河景区入口处，厕所对面为在建楼盘，附近为停车场，承担了入口处和上游的大部分如厕人流。该公厕采用负压分质技术，即黄水（尿液及冲厕水）、褐水（粪便及冲厕水）、灰水（洗手水）三类水分开收集，其中黄水、褐水采用负压源分离收集，便于后续针对性的资源化处理，从而简化处理程序，便于维护和保证处理效果。同时，该公厕具有良好的节水效果，女厕采用的尿液分离气冲蹲便器小便耗水0～0.5L/次，大便耗水约1L/次；男厕采用的气冲蹲便器耗水1～1.5L/次，气冲小便器耗水0～0.5L/次。负压源分离排水系统可以变混合排放为源（头）分离，变耗能净化为资源能源回收，

变深度净化污水再生为源头节水和清污分流。

9.公厕照片

公厕外景

立体种植墙 尿液分离气冲座便器（无障碍厕间）

气冲小便器（左）气冲蹲便器（右）（男厕间）

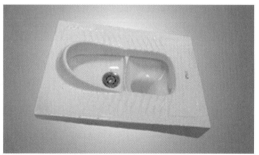

尿液分离气冲蹲便器（女厕间）

案例14　免水冲小便器公厕

1.公厕名称：北京市西城区校场口街公厕

2.公厕地点：北京市西城区校场口街丙9号

3.公厕规模：公厕占地面积35.65m²，男厕设有蹲便器4个，小便器5个，坐便器2个；女厕蹲便器6个，坐便器2个

4.投资运行成本：投资133.2万元，维护成本9万元/年

5.项目单位：北京环雅丽都投资有限公司

运维单位：北京环雅丽都投资有限公司

投入使用时间：2021年12月

6.公厕特点：免冲水、人性化、高水平管护等

7.公厕类别：城市

8.公厕简介：

该公厕采用了免冲水小便器。小便器采用纳米釉面，陶瓷本体采用抗菌釉料以1 200℃以上高温烧制，瓷釉表层形成细致的纳米级界面结构，产品的吸水率达到0.1%（国家卫生陶瓷标准吸水率为E≤0.5%）。同时，陶瓷体表面采用抗菌釉面技术，能有效地抑制细菌的滋生，从而消除了尿液因菌化作用而产生的异味及尿垢和尿碱。纳米级抗菌陶瓷釉面的特殊抗污性能，使陶瓷表面不易脏污，易于清洁。小便器独特的内凹面设计配合不锈钢接口专利技术实现无缝隙连接，使尿液不易在小便器表面存留，生菌，最大程度减少尿液蒸发产生的气味。免冲水小便器尿液流经密封阀体后，密封挡板自动开启和闭合。密封挡板通过自身的重力作用形成了良好的密封效果，完全阻隔下水管道异味的上返，并且在-20℃～50℃都可以正常使用，保证密封装置的正常运行，从而达到

防臭的目的。

9.公厕图片

公厕外观图

公厕内部图

案例15　学校整体改造公厕

1. 公厕名称：深圳市民治中学公厕

2. 公厕地点：广东省深圳市龙华区民顺路民治中学内（附属式）

3. 厕所规模：70间公厕，男厕蹲便器3个/间，小便器4个/间；女厕蹲便器8个/间；第三卫生间1个；母婴室1个

4. 投资运行成本：微改造成本22.91万元/70间公厕，运行费用45万元/年/70间

5. 项目单位：深圳市民治中学

改造单位：深圳市凯卫仕厕所文化研究院

运维单位：深圳市凯卫仕厕所文化研究院

投入使用时间：2020年10月

6. 公厕特点：因地制宜、效果好、工期快、费用低等

7. 公厕类别：学校、旅游等各类公厕

8. 公厕简介：

本公厕是针对学校公厕进行的微改造工程之一。从传统意义上来说校园厕所的硬件水平提升是需要推倒重建的，但由于学校厕所数量多，改造时间紧（5天内需要完成70间公厕的改造），且预算低，本公厕改造整体设计按照《城市公共厕所设计标准》CJJ 14—2016、《深圳中小学校园公共厕所建设与管理规范》SZDB/Z—2019、《无障碍设计规范》GB 50763—2012的要求进行设计。整体运维依据《深圳市公共厕所清洁作业指引》《2022年深圳市公共厕所环境指数测评方案》。通过改造，本公厕完成了从不达标向高标准的转变。

9.公厕图片

公厕内部改造前（左）和改造后（右）的地面　　公厕内部改造前（左）和改造后（右）的天花板

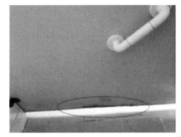

公厕内部改造前（左）和改造后（右）的厕间门

公厕内部母婴室

案例16　集装箱式公厕

1.公厕名称：野外工程专用型环保公厕

2.公厕及项目地点：重庆涪陵页岩气田、东北吉林油气分公司、江苏油田、新疆塔里木油田、河南华北油气分公司、湖北江汉油田、上海浦东

3.厕所规模：每座移动式环保公厕，男厕设有蹲便器3个，小便器1个；女厕设有蹲便器1个；设备间1个

4.投资运行成本：投资25.7万元/座，运行成本约电费25度/日，年维护费用1万元

5.项目单位：中石化石油工程公司

建设单位：苏州博祥环保科技有限公司

运维单位：苏州博祥环保科技有限公司

投入使用时间：2020年11月

6.公厕特点：低能耗、水循环无排污、生物菌生态降解等

7.公厕类别：户外、移动

8.公厕简介：

该型厕所是在国家"厕所革命"和中石化集团公司"绿色企业行动计划"的总体要求下，苏州博祥环保科技有限公司针对石油勘探行业搬迁超高频次的钻井队、试油队、物探队等野外施工作业队伍以及油气田采油队、集气站、计量站、注水站等野外站场特点研制开发的，其综合性能经中石化相关专家技术评定，认为撬装式结构及生物菌生态降解处理技术完全满足野外水源匮乏、频繁搬迁、维护不便、气候恶劣等特殊工况要求，外观简洁、功能完善，达到国内行业领先水平。

（1）技术特点

①处理流程独具创新，运行成本仅需电费约25度/日（不包含空调），节能效果突出。

②一次加水可长期持续运行，无残渣、"零"排放，确保环保达标。

③关键设备冗余设计安全可靠，全自动控制操作简单。

④房体采用非金属蜂窝复合材料，与传统铁制房体相比，在极热极寒的环境中，使用者如厕舒适度大幅提高，同时菌种最佳工作环境也得到保证。

⑤橇装模块化结构、搬运快捷；安装简单，通电后即可正常使用。

（2）技术参数

生物菌水循环环保厕所的外观尺寸为8 000×2 500×3 000mm（4蹲位），生物剂周期12个月，总重量6 000kg/台，环境温度在-30～50℃，生物液体体积8m^3，循环泵0.75kW/台（两台，一用一备），适用人数：800人次/天（4蹲位）。15～35℃为生物菌最佳工作温度，0℃以下休眠状态，5℃以上开始工作。使用功率1kW（不包含空调系统功率）；严寒地区配备辅助加热系统，0.2kW×2（微生物在运行过程中会产生热量）。

9.公厕图片

移动式环保厕所外观图

环保厕所内部图

案例17　微生物生态环保厕所

1.公厕名称：微生物生态环保施工厕所

2.公厕地点：河南省新乡市红旗区科隆大道甲1号

3.厕所规模：占地15m²，蹲便器3个，不分男女，无第三卫生间

4.投资运行成本：投资10万元，年运行费用1万元

5.项目单位：中铁工服装备分公司华中片区新乡工厂

建设单位：中铁工程服务有限公司

运维单位：成都香阁里科技有限公司

投入使用时间：2021年2月

6.公厕特点：新技术、智能化、生态环保等

7.公厕类别：施工现场公共厕所

8.公厕简介：

该公厕用于解决和改善施工工地上厕所难、环境差的问题，无需下水管网及化粪池等配套工程，设计使用人次为40人次/天/蹲位。其采用微生物降解技术，无需大小便分离，将超强劲的复合微生物菌群以及辅料，直接作用于人的排泄物，降解周期短，仅用24h，无需额外排放。微生物菌群可实现排泄物的分解、脱臭、净化一体化处理，零排放、无污染，排泄物中的大肠杆菌、寄生虫卵等有害病菌及杂菌可被微生物群落所吞噬，实现安全卫生无害化。生物反应箱体内微生物菌料1年更换一次，无需人工维护，蹲便器采用模块式箱体设计便于移动、安装、维护、拆卸和回收，占地面积小。

9.公厕图片

厕所外部照片

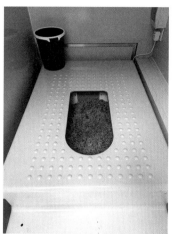

厕所内部便器照片

厕所内部照片

厕所内部便器照片

案例18 高温蒸汽公厕

1.公厕名称：王博纳米园区公厕

2.公厕地点：深圳大鹏新区海洋生物产业园王博纳米园区

3.厕所规模：占地10m²，男厕坐便器1个，蹲便器1个，小便器2个；女厕坐便器1个，蹲便器1个；没有第三卫生间

4.投资运行成本：投资1万元，年运行费用0.015万元

5.项目单位：王博纳米智慧厕所革新技术有限公司

建设单位：王博纳米智慧厕所革新技术有限公司

运维单位：王博纳米智慧厕所革新技术有限公司

投入使用时间：2020年4月

6.公厕特点：新技术、智能化、生态环保等

7.公厕类别：施工现场公共厕所

8.公厕简介：

该公厕采用高温蒸汽技术，特点之一是节水，出水量仅为传统马桶的1/10，即约0.8L水就可将大便冲刷完成。其次，马桶在冲刷的过程当中通过射流技术，使得排泄物瞬间乳化，呈黄色黏稠液体状，可直接灌溉农田，由于含污水量大大减少，在不方便开挖化粪池的老旧小区不需要建设化粪池，仅需接入粪便收集桶，定期回收送到农田灌溉，还可解决化粪池无臭味、无泄漏等问题。

9.公厕图片

高温蒸汽公厕

案例19 高海拔装配式公厕

1.公厕名称：拉萨驿站

2.公厕地点：拉萨市城区

3.厕所规模：占地20.6m²，男厕坐便器1个，蹲便器1个，小便器2个；女厕坐便器1个，蹲便器1个

4.投资运行成本：该项目为江苏省城市管理与行政执法学会与江苏保力装配式住宅工业有限公司援助拉萨市城市管理和综合执法局环卫设施项目

5.项目单位：江苏保力装配式住宅工业有限公司

建设单位：江苏省城市管理与行政执法学会、拉萨市城管局

运维单位：拉萨市城管局

投入使用时间：2020年10月

6.公厕特点：新技术、智能化、高水平管护、带高海拔恒温系统，冬季正常运行

7.公厕类别：因地制宜打造

8.公厕简介：

该公厕为江苏省城市管理与行政执法学会与江苏保力装配式住宅工业有限公司援助拉萨市城市管理和综合执法局环卫设施项目。配备海拔恒温系统，在高海拔寒冷地区能正常运转，同时因考虑拉萨街道狭窄，游客居多，在平面布局方面综合考虑设计了该款产品，整体采用模块化设计，可以反复吊装。同时厕所墙体采用了江苏保力的专利技术，保温隔热系数比砖混结构高1.5倍，保障了厕所的高质量运行。

9.公厕图片

公厕外观图

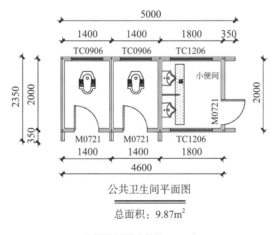

公共卫生间平面图

总面积：9.87m²

公厕平面图（单位：mm）

案例20　智能化公厕

1. 公厕名称：矿山路公共卫生间

2. 公厕地点：江苏省宿迁市宿城区矿山路

3. 厕所规模：占地107.2m²，内设男、女厕间、第三卫生间、管理间（包含工具间）、24h应急卫生间、休息阅览室、爱心驿站专区。其中男厕坐便器1个，蹲便器3个，小便器5个；女厕坐便器2个，蹲便器6个

4. 投资运行成本：投资96.98万元，月运行费用约2000元

5. 项目单位：宿迁市宿城区环境卫生综合服务中心

建设单位：南京国荣环保科技有限公司

运维单位：江苏京宿环境服务有限公司

投入使用时间：2021年10月

6. 公厕特点：公厕采用装配式施工新技术，配备智能化系统，后期可根据具体要求实现二次移动

7. 公厕类别：城市公厕

8. 公厕简介：

该公厕充分考虑周边环境建造设计为园林风格，结合了互联网、大数据、云计算等软件技术，设计使用人次约为500人次/天。公厕配备智能化系统及智能取纸机，智能化系统采用工控计算机作为系统的核心，通过无线通信将各厕间的分控单元连接成一个网络，计算机采集各厕间实时的入厕信息、温湿度信息、用电用水信息、氨气硫化氢浓度信息、可视监控信息等，通过软件处理在大屏显示器上直观显示出各厕位有/无人、入厕时间、入厕人次、入厕人数累计等实时信息，以及当前环境的温度、湿度信息。该智能化系统可与城市环卫信息平台对

接，有助于城市实现环卫一体化管理。

9.公厕图片

公厕外观图

公厕内部图

案例21 5G新世代公共厕所

1.公厕名称：5G智慧轻松驿站

2.公厕地点：成都市武侯区武兴一路潮音公园

3.厕所规模：占地20m²，蹲便器3个，小便器4个，可根据需要配置第三卫生间

4.投资运行成本：投资60万～80万元，年运行费用12万～14万元

5.项目单位：中云汇（成都）物联科技有限公司

建设单位：中云汇（成都）物联科技有限公司

运维单位：中云汇（成都）物联科技有限公司

投入使用时间：2021年12月

6.公厕特点：新技术、智能化、高水平管护等

7.公厕类别：城市、旅游

8.公厕简介：

该公厕按照《ISO 30500无下水道卫生厕所》国际标准进行设计建造。采用高效的新型材料、自主研发的高科技物联网监控系统，创新将5G新基建、物联网、边缘计算、人工智能、智能制造、大数据、太阳能利用、元宇宙等新技术进行跨界融合。研发制造上突破了多项技术难题，包括免接上下水、空间自动除臭杀菌、安防监控、自动人流量统计分析、太阳能利用以及排泄物资源化利用等。

排泄物经过微生物降解技术、智能传感控制、高温消杀和干燥技术处理后将变为有机生态肥料的原料，经有机肥料厂再次处理后送往农场和种植基地，实现绿色循环。单座公厕目前每天约有1000人次使用，按照使用人次计算每座公厕一年可节水超过3000t，减少污水排放超过3500t，按照电量消耗原理计算一年可

减少CO_2排放量约160t。

9.公厕图片

公厕外观图

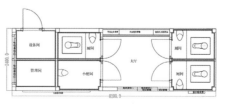

公厕内部图及总平面图

附录 A 国外公共厕所建设相关标准汇总表

国外公共厕所相关标准

附表 A

编号	国家/标准机构	标准编号	标准中文名称	标准英文名称
1	国际标准化组织（ISO）	ISO 17775:2006	飞机—地面服务接头—饮用水、冲厕所用水和厕所排水管	Aircraft—Ground-serviceconnections—Potable water, toilet—flush water and toilet drain
2	国际标准化组织（ISO）	ISO 8099-1:2018	小艇—废弃物处理系统—第1部分：废水滞留	Small craft—Waste systems—Part 1: Waste water retention
3	国际标准化组织（ISO）	ISO 24510:2007	饮用水和废水服务相关活动—为用户提供评估及改善服务的指南	Activities relating to drinking water and wastewater services—Guidelines for the assessment and for the improvement of the service to users
4	国际标准化组织（ISO）	ISO 24511:2007	饮用水和废水服务相关活动—废水公用事业管理和废水服务评估指南	Activities relating to drinking water and wastewater services—Guidelines for the management of wastewater utilities and for the assessment of wastewater services
5	国际标准化组织（ISO）	ISO 24521:2016	饮用水和废水服务相关活动—基本的原位生活废水服务管理指南	Activities relating to drinking water and wastewater services—Guideline for the management of basic on-site domestic wastewater services

续表

编号	国家 / 标准机构	标准编号	标准中文名称	标准英文名称
6	国际标准化组织（ISO）	ISO 19026:2015	无障碍设计—冲厕按钮和应急按钮的形状和颜色，以及它们与安装在公共厕所墙壁上的厕纸机的布置	Accessible design—Shape and color of a flushing button and a call button, and their arrangement with a paper dispenser installed on the wall in public restroom
7	国际标准化组织（ISO）	ISO 30500:2018	无下水道卫生系统—预制集成处理单元—设计和试验的一般安全和性能要求	Non-sewered sanitation systems—Prefabricated integrated treatment units—General safety and performance requirements for design and testing
8	国际标准化组织（ISO）	ISO 31800:2020	粪污处理装置—能源自给，预制式，社区规模资源回收装置—安全和性能要求	Faecal sludge treatment units—Energy independent, prefabricated, units—Safety and performance requirements
9	美国汽车工程师学会（SAE）	SAE AMS 1454—2010	清洁 / 除垢复合飞机真空厕所系统	Cleaning/Scale Removing Compound Aircraft Vacuum Toilet Systems
10	美国汽车工程师学会（SAE）	SAE AMS 1476C—2016	除臭剂，飞机厕所	Deodorant, Aircraft Toilet
11	美国国家标准化组织（ANSI）	ANSI Z21.61—1983	燃气卫生间	Gas—fired toilets
12	美国国家标准化组织（ANSI）	ANSI Z124.4—1996	塑料抽水马桶坐式便缸和水箱	Plastic water closet bowls and tanks
13	美国国家标准化组织（ANSI）	ANSI Z124.5—1997	塑料马桶（抽水）座	Plastic toilet (water closet) seats
14	美国国家标准化组织 / 美国国家机械工程师协会（ANSI/ASME）	ANSI/ASME 1002—1979	厕所冲水箱球阀	Water closet flush tank ball cocks

续表

编号	国家/标准机构	标准编号	标准中文名称	标准英文名称
15	美国国家标准化组织/美国机械工程师协会（ANSI/ASME）	ANSI/ASME A112.19.10—2003	抽水马桶双冲装置	Dual flush devices for water closets
16	美国机械工程师协会（ASME）	ASME A112.19.6—1995	冲水厕所和小便池的水力性能要求	Hydraulic performance requirements for water closets and urinals
17	美国机械工程师协会（ASME）	ASME A112.19.13—2001	电动液压抽水马桶	Electrohydraulic water closets
18	美国机械工程师协会（ASME）	ASME A112.19.14—2013	配备双冲装置的6L抽水马桶	Six-Liter Water Closets Equipped with a Dual Flushing Device
19	德国标准（DIN）	DIN 25630-2—2001	铁路车辆部件术语—卫生设备—第2部分：真空抽水马桶和洗脸盆	Terms for rail vehicle parts—Sanitary installation—Part 2: Vacuum toilet and wash basin
20	德国标准（DIN）	DIN EN 12312—13:2017 DE	航空地面设备—特殊要求—第13部分：厕所服务设备	Aircraft ground support equipment—Specific requirements—Part 13: Lavatory service equipment
21	瑞典标准协会（SIS）	SS-EN 16585—1:2017	铁路应用—PRM使用的设计—机车车辆上的设备和部件—第1部分：厕所	Railway Applications—Design for PRM Use—Equipment and Components Onboard Rolling Stock—Part 1: Toilets
22	奥地利标准研究院（ON）	ONORM EN 16585—1:2017	铁路应用—PRM使用的设计—机车车辆上的设备和部件—第1部分：厕所	Railway Applications—Design for PRM Use—Equipment and Components Onboard Rolling Stock—Part 1: Toilets
23	奥地利标准研究院（ON）	ONORM EN 997:2018	带整体存水弯的马桶和马桶套件	WC Pans and WC Suites With Integral Trap
24	加拿大标准协会（前）（CSA America，Inc）	CSA CGA 5.2—1971 (R2019)	燃气无水厕所	Gas—Fired Waterless Toilets
25	加拿大标准协会（前）（CSA America，Inc）	CSA B45.6—2011 (R2016)	娱乐车辆用非循环厕所、真空厕所和废物储存罐	Nonrecirculating Toilets, Vacuum Toilets, And Waste—Holding Tanks for Use In Recreational Vehicles

续表

编号	国家/标准机构	标准编号	标准中文名称	标准英文名称
26	加拿大标准协会（前）（CSA America, Inc）	CSA B45.7—2011（R2016）	娱乐车辆用自给式循环化学控制厕所	Self-Contained, Recirculating, Chemically Controlled Toilets for Use in Recreational Vehicles
27	国际代码委员会（ICC）	ICC G3—2011	实用公共厕所设计全球指南	Global guideline for practical public toilet design
28	澳大利亚标准协会（SAI）	AS 3542—1996	游船—厕所废弃物收集、储存和转移系统	Pleasure boats—toilet waste collection, holding and transfer systems
29	澳大利亚标准协会（SAI）	AS/NZS 1546.2:2008	现场生活污水处理装置—无水堆肥厕所	On-site domestic wastewater treatment units—waterless composting toilets
30	澳大利亚标准协会（SAI）	AS 1371:2016	马桶座圈和配件	Toilet seats and fittings
31	丹麦标准（DS）	DS/EN 16585-1:2017	铁路应用—PRM使用用的设计—机车车辆上的设备和部件—第1部分：厕所	Railway Applications—Design for PRM Use—Equipment and Components Onboard Rolling Stock—Part 1: Toilets
32	英国标准（BSI）	BS 6465-4:2010	卫生设施—公共厕所的工作守则	Sanitary Installations—Code of Practice for The Provision of Public Toilets
33	日本工业标准（JIS）	JIS S 0026:2007	老年人和残疾人指南—公共卫生间厕所操作设备和器具的形状、颜色和布置	Guidelines older persons and persons with disabilities—shape, colour, and arrangement of toilet operation equipment and appliance in public rest room
34	新加坡标准（SS）	SS 574-1:2012	双冲低容量（最大4.5/3.0L）冲水厕所规范—冲洗水箱	Specification for dual flush low capacity water closet (WC) up to 4.5/3.0 litres capacity—WC flushing cisterns
35	新加坡标准（SS）	SS 574-2:2012	双冲低容量（最大4.5/3.0L）冲水厕所规范—厕具	Specification for dual flush low capacity water closet (WC) up to 4.5/3.0 litres capacity—WC pans
36	国际管道暖通机械认证协会（IAPMO）	IAPMO TS 12-97e1	自给式电动再循环化学控制厕所	Self-contained, electrically operated re-circulating, chemically controlled toilets

续表

编号	国家/标准机构	标准编号	标准中文名称	标准英文名称
37	国际管道暖通机械认证协会（IAPMO）	IAPMO TS 34-97e1	娱乐车辆用除味机械密封厕所	Odor removing mechanical seal toilets for use in recreational vehicles
38	国际管道暖通机械认证协会（IAPMO）	IAPMO TS 24—2009	娱乐车辆用水封厕所	Water seal toilets for use in recreational vehicles
39	国际管道暖通机械认证协会（IAPMO）	IAPMO TS 01—2011e1	娱乐车辆用带整或不带整体废水箱的机械座式厕所	Mecanical seat toilets with or without integral wastewater tanks for use in recreational vehicles
40	国际管道暖通机械认证协会（IAPMO）	IAPMO/ANSI Z124.5—2013	塑料马桶座圈	Plastic toilet seats
41	国际管道暖通机械认证协会（IAPMO）	IAPMO IGC 132—2019	娱乐车辆用真空厕所系统	Vacuum toilet systems for recreational vehicles
42	国际科学基金会（NSF）	NSF/ANSI 41—1999	非液体饱和处理系统（堆肥厕所）	Non-Liquid Saturated Treatment Systems（Composting Toilets）
43	国际科学基金会（NSF）	NSF P157—2000	电气焚烧厕所—健康和消毒	Electrical incinerating toilets—health and sanitization

附录B 公共厕所设计和建设管理的相关配套标准

公共厕所的设计和建设牵涉用地、环境保护、卫生，以及建筑结构、水、暖、电等相关专业的技术和规范要求，在公共厕所的设计和建设中主要有以下标准可以提供相应的技术支持：

环保标准：

《恶臭污染物排放标准》GB 14554—1993

《室内空气质量标准》GB/T 18883—2002

《粪便无害化卫生要求》GB 7959—2012

《污水排入城镇下水道水质标准》GB/T 31962—2015

《城市污水再生利用 城市杂用水水质》GB/T 18920—2020

建筑结构：

《民用建筑设计统一标准》GB 50352—2019

《建筑设计防火规范（2018年版）》GB 50016—2014

《公共建筑节能设计标准》GB 50189—2015

《建筑气候区划标准》GB 50178—1993

《建筑工程施工质量验收统一标准》GB 50300—2013

《建筑给水排水设计标准》GB 50015—2019

《民用建筑供暖通风与空气调节设计规范》GB 50736—2012

《建筑工程施工质量验收统一标准》GB 50300—2013

《建筑装饰装修工程质量验收标准》GB 50210—2018

《给水排水管道工程施工及验收规范》GB 50268—2008

《建筑给水排水及采暖工程施工质量验收规范》GB 50242

《建筑电气工程施工质量验收规范》GB 50303—2015

《建筑电气照明装置施工与验收规范》GB 50617—2010

设施设备：

《城镇粪便消纳站》GB/T 29151—2012

《粪便处理厂运行维护及其安全技术规程》CJJ 30—2009

《粪便处理厂设计规范》CJJ 64—2009

《小便器水效限定值及水效等级》GB 28377—2019

《蹲便器水效限定值及水效等级》GB 30717—2019

《坐便器水效限定值及水效等级》GB 25502—2017

《节水型卫生洁具》GB/T 31436—2015

《节水型生活用水器具》CJ/T 164—2014

《卫生间便器扶手》JC/T 2120—2012

《卫生间隔断构件》JG/T 545

《坐便器安装规范》JC/T 2425

附属产品：

卫生纸（含卫生纸原纸）GB/T 20810—2018

卫生纸和擦手纸　回用纤维使用规范 GB/T 40358—2021

洗手液 GB/T 34855—2017

特种洗手液 GB 19877.1—2005

卫生洁具清洗剂 GB/T 21241—2007

飞机厕用消毒剂 MH/T 6025—2015

卫生间附属配件 QB/T 1560—2017

参考文献

[1] 陈云祖. 大力推广泡沫厕所 [J]. 中国科技信息，2014（6）：159- 160.

[2] Cheng S，Li Z，Uddin SMN，et al.. Toilet Revolution in China. Journal of Environmental Management[J]. 2018，216：347-56.

[3] 陈家琪，刘润生，李国栋.基于PPP模式下河北省农村公共厕所建设的思考[J].现代农村科技，2018（9）：86-87.

[4] 党成成，谢国俊，邢德峰，等.无水冲生态厕所的类型和发展应用[J].中国资源综合利用，2021，39（7）：28-32.

[5] 付彦芬.中国农村厕所革命的历史实践[J].环境卫生学杂志，2019，9（5）：415-417.

[6] 方海洋，马文琪.国内外环卫行业法规标准体系对比研究[J].山西建筑，2019，45（19）：195-196.

[7] 郭骞，刘晶，肖承翔，等.国内外标准化组织体系对比分析及思考[J].中国标准化，2016（2）：51-57.

[8] 国家旅游局.厕所革命：技术与设备指南[R].中华人民共和国国家旅游局，2017.

[9] 韩彦召，程世昆，严巾堪，等.负压排水真空便器冲水噪声的影响因素[J].环境工程学报，2022，16（4）：1400-1406.

[10] 李爱萍.城市公厕通风技术研究[J].环境卫生工程，1997（2）：23-26.

[11] 李婕，王玉斌，程鹏飞.如何加速中国农村"厕所革命"？——基于典型国家的经验与启示[J].世界农业，2020（10）：20-26.

[12] 李文峰，刘雪涛，贾月芹.国内外标准化体系比较[J].信息技术与标准

化，2007（3）：44-47.

[13] 李志安.超声波复合酶微雾除臭设备对本院公厕环境改善的研究[J].中国卫生标准管理，2020，11（23）：18-21.

[14] 李子富，王晓希，王婷婷，等.城市生态卫生排水系统及其应用[J].建设科技，2010（21）：44-47.

[15] 李甲琳.农村生活有机垃圾与人粪便堆肥过程及其微生物特性研究[D].东南大学，2019. DOI：10.27014/d.cnki.gdnau.2019.001933.

[16] 刘宝林.治理学视域下的乡村"厕所革命"[J].西北农林科技大学学报（社会科学版），2019，19（2）：28-34.

[17] 刘三江，刘辉.中国标准化体制改革思路及路径[J].中国软科学，2015（7）：1-12.

[18] 刘明鑫，梁星玥，刘浩，等.分析城市公共厕所的现状问题与对策：以长春市为例[J].智库时代，2019（14）：9，11.

[19] 林越英.旅游厕所问题及其解决对策[J].旅游研究与实践，1997（2）：9-12.

[20] Langergraber G，Muellegger E. Ecological Sanitation：a way to solve global sanitation problems?[J]. Environment International. 2005（31）：433-44.

[21] Moreira FD，Rezende S，Passos F. On-street toilets for sanitation access in urban public spaces：A systematic review[J]. Utilities Policy，2021（70）：101186.

[22] 麦绿波.标准体系的内涵和价值特性[J].国防技术基础，2010（12）：3-7.

[23] 麦绿波.标准体系构建的方法论[J].标准科学，2011（10）：11-15.

[24] 农业农村部.关于成立农业农村部农村厕所建设与管护标准化技术委员会的通知[J].中华人民共和国农业农村部公报，2020（8）：29-31.

[25] 潘顺昌，徐桂华，吴玉珍，等.全国农村厕所及粪便处理背景调查和今后对策研究[J].卫生研究，1995（S3）：1-10.

[26] 裴晓菲.我国环境标准体系的现状、问题与对策[J].环境保护，2016，44（14）：16-19.

[27] 钱凤德，沈航，郑曦阳.论"东京公厕"计划给中国"厕所革命"带来的思考[J].美与时代（上），2021（8）：72-74.

[28] 蒲敏，吴冰思，王忠昊.国内外市容环卫法规及标准对比的思考与启示[J].环境卫生工程，2020，28（1）：86-90.

[29] 孙路禄.浅析城市公共厕所建设与管理的现状问题和对策[J].科技创新与生产力，2017（10）：64-66.

[30] 孙雅妮.中国自然保护地环境教育标准体系研究[D].北京：北京林业大学，2020.

[31] 宋娟，代兰海.近30余年国内旅游厕所研究进展[J].旅游研究，2018，10（1）：74-82.

[32] Starkl M，Brunner N，Hauser AWH，et al.. Addressing Sustainability of Sanitation Systems：Can it be Standardized?[J]. International Journal of Standardization Research，2018（16）：39-51.

[33] 唐微微.景区生态厕所除臭复合菌剂的研制及应用[D].成都：四川师范大学，2013.

[34] Wald C. Inclusive Urban Design：Public Toilets[M]. Oxford：Architectural Press，2003.

[35] 王胜杰，纪翠玲，王晓煜.基于霍尔三维结构的气象工程建设标准体系构建研究[J].标准科学，2020（6）：53-58.

[36] 王金满，白中科，罗明，等.基于专业序列的中国多层次土地复垦标准体系[J].农业工程学报，2010，26（5）：312-315.

[37] 许章华，林倩，郑炜彬，等.基于GIS的马尾马江片区公共厕所布局分析与优化[J].测绘工程，2015，24（7）：24-28.

[38] 严陈玲，袁冬海.德国柏林市公厕管理对北京市的启示[J].环境卫生工程，2021，29（5）：41-45.

[39] 姚永利.环卫工程中除臭技术浅析[J].科学技术创新，2018（23）：191-192.

[40] 姚胜男.我国城市公共厕所建设中PPP模式的探索[D].长春：吉林大学，2020.

[41] 尹文俊，于振江，徐悦，等.新型厕所系统及技术发展现状与展望[J].环境卫生工程，2019，27（5）：1-7.

[42] 尹朋建，芦会杰，刘欣艳，等.生活垃圾处理设施恶臭气体产生及除臭技术分析[J].中国资源综合利用，2021，39（3）：173-175.

[43] 阳彬彬，王家悦，宋梦琪，等.农村公共厕所改革研究[J].合作经济与科技，2020（4）：180-181.

[44] 余召辉，陶倩倩，许碧君.我国城市公共厕所发展现状分析[J].环境卫生工程，2017，25（1）：85-87.

[45] 张劲松，刘媛.基于大数据分析的智能化公厕除臭应用技术研究[J].中国资源综合利用，2020，38（8）：39-43.

[46] 张莹，吕玉霞，张玉贤，等.自然资源标准体系现状分析[J].测绘标准化，2020，36（2）：1-5.

[47] 张淑贞.标准化系统工程方法论研究[J].北京航空航天大学学报，1997（2）：127-132.

[48] 张烨.北京市城市管理标准体系框架研究[J].标准应用研究，2019（10）：77.

[49] 张伟.环卫设施除臭防治技术及应用[J].科技创新与应用，2015（6）：104.

[50] 张健，高世宝，章菁.真空便器与真空排水在节水和污水源分离中的应用[J].给水排水，2008（2）：96-99.

[51] 张玮哲.我国农业农村生态文明和绿色发展标准体系研究[D].北京：北京林业大学，2020.DOI：10.26949/d.cnki.gblyu.2020.000304.

[52] 郑述之.公厕的革命 百年公厕小史[J].中华建设，2017（2）：30-33.

[53] 周争先."一号"问题：城市公共厕所漫议[J].长江建设，1998（1）：19-21.

[54] 周星，周超."厕所革命"在中国的缘起、现状与言说[J].中原文化研究，2018，6（1）：22-31.

[55] 住房和城乡建设部.中国城乡建设统计年鉴2020[M].北京：中国统计出版社，2021.

[56] Zhang Z，Zeng L，Shi H，et al.. CFD studies on the spread of ammonia and hydrogen sulfide pollutants in a public toilet under personalized ventilation[J]. Journal of Building Engineering，2022（46）：103728.